Cómo degustar los vinos
Manual del Catador

Renato RATTI

Cómo degustar los vinos
Manual del Catador

2.ª edición, revisada
y ampliada
Reimpresión

Versión española de
Gabriela Sanlorenzo
Doctora en Ciencias Agrarias

Revisada por
Alfredo González Salgueiro
Doctor Ingeniero Agrónomo

Revisión italiana
para la 2ª ed. española
Luigi Odello
Enólogo, sensorialista

Ediciones Mundi-Prensa
Madrid • Barcelona • México
2006

Grupo Mundi-Prensa

- **Mundi-Prensa Libros, s. a.**
  Castelló, 37 - 28001 Madrid
  Tel. 914 36 37 00 - Fax 915 75 39 98
  E-mail: libreria@mundiprensa.es
  www.mundiprensa.com
  www.agrolibreria.com

- **Mundi-Prensa Barcelona**
- **Editorial Aedos, s. a.**
  Consell de Cent, 391 - 08009 Barcelona
  Tel. 934 88 34 92 - Fax 934 87 76 59
  E-mail: barcelona@mundiprensa.es

- **Mundi-Prensa México, s. a. de C. V.**
  Río Pánuco, 141 - Col. Cuauhtémoc
  06500 México, D. F.
  Tel. 00 525 55 533 56 58 - Fax 00 525 55 514 67 99
  E-mail: mundiprensa@mundiprensa.com.mx

La edición original de esta obra ha sido publicada en italiano con el título
Come degustare i vini
Manuale dell'assaggiatore
3ª edizione completamente rifatta por Edizioni AEB Brescia, Italia

© 2000, Renato Ratti
© 2000, Ediciones Mundi-Prensa
Depósito legal: M-38.679-2000
ISBN: 84-7114-940-0

1ª edición: 1995
2ª edición: 2000
Reimpresión: 2006

No se permite la reproducción total o parcial de este libro ni el almacenamiento en un sistema informático, ni la transmisión de cualquier medio, electrónico, mecánico, fotocopia, registro u otros medios sin el permiso previo y por escrito de los titulares del Copyright.

IMPRESO EN ESPAÑA - PRINTED IN SPAIN

Impreso en: Artes Gráficas Cuesta, S. A. Seseña, 13 - 28024 Madrid

INDICE

La degustación o cata, 13
Panel de catadores, 17
Escalas de medida, 18
El catador, 20
La técnica de la cata, 23
Las reglas de la cata, 26
Sensaciones visuales, 31
Sensaciones olfativas y gustativo-olfativas, 38
Sensaciones gustativas, 45
Sensaciones táctiles, 48
La persistencia, 50
Sensaciones de equilibrio, 53
Sensaciones relacionadas al origen ampelográfico y geográfico, 54
Retrogusto, 55
Varios tipos de cata, 56
El análisis sensorial, 70
La identificación de los modelos de calidad, 71
Las modernas pruebas sobre el consumidor, 72
La descripción de los modelos de calidad, 74
El sistema de análisis sensorial, 76
El control de los resultados, 78
Los empleos innovadores del análisis sensorial en enología, 82
Catas finalizadas, 85
Prueba de pareja o de comparación directa, 87
Prueba del dúo-trío, 88
Prueba triangular, 89
Prueba de clasificación, 90
Las fichas, 91
Sensaciones visuales, 100
Sensaciones olfativas y gustativo-olfativas, 101
Categorías de algunos perfumes, 102
Sensaciones gustativas, 107
Indicaciones generales, 123
Glosario, 129

Indice de las Fotografías

Decoración de una vasija de la Epoca Clásica, 15
Comité de cata, 16
Análisis organoléptico-fase visual, 32
Modernos compartimientos para la cata, 33
Análisis organoléptico-fase olorosa, 41
Serie de vasos, 42
Análisis organoléptico-la cata, 51
Degustación (miniatura siglo XV), 52
Las bodas de Caná (particular) Veronese, 97
Las bodas de Caná (particular) Giotto, 98
Indicación de una bodega-Siglo XIX, 105
Las bodas de Caná (particular) Glantschnigg, 106
Esclavo que echa vino del ánfora a la cratera, 115
Bacco-Michelangelo Merisi, 116
Vasos para la cata, 125
Las lágrimas, 126

Nota del revisor
a la 2ª ed. española

Hay cosas que conservan una alta calidad en el tiempo, porque están hechas de elementos coherentes entre sí que constituyen un conjunto armónico capaz de expresar una filosofía lógica y convincente.

Es el caso de este libro que, a una distancia de casi cuatro lustros desde la primera edición, a pesar de la profunda innovación que ha tenido lugar en el campo de la evaluación de los vinos, mantiene su validez conceptual y metodológica y una indudable eficacia al llevar al neófito a ocuparse de una materia nada fácil.

Al disponerme a hacer la revisión, he tenido en cuenta sobre todo el perjuicio que se podía derivar de intervenciones profundas que pudieran, aunque involuntariamente, traicionar el espíritu original de la obra.

Así, después de todas estas consideraciones, he decidido intervenir lo mínimo indispensable, añadiendo no obstante un capítulo sobre los métodos innovadores de análisis sensorial de los vinos, exigencia por otro lado expresada por el mismo Ratti en su texto. Así, pues, el lector podrá tener una visión de cuanto hay de nuevo, sin perder nada de la ciencia y de la actualidad del texto original.

Luigi Odello

Prefacio

No puedo presentar el libro póstumo de Renato Ratti sin conmoverme, porque él había trabajado para terminarlo con todas sus energías y su entusiasmo.

El libro procede del «Manual del Catador», que no ha sido mejorado, sino ampliado.

Se confirma la característica fundamental de su estilo, o sea la seriedad y el rigor en frente de una disciplina difícil que puede ser afrontada demasiado sencillamente.

Tengo todavía que subrayar la gran importancia de una cata diferente según las finalidades que se quiere lograr. Pues es diferente la predisposición psicológica del catador si quiere averiguar las consecuencias positivas o negativas de un tratamiento (cata con fines tecnológicos) o si quiere establecer la calidad de un vino, D.O., o si precisa clasificar una serie de vinos de un sólo tipo, según sus cualidades.

Además está muy bien hecho el glosario.

Así pues, puede decirse estupendo el trabajo del amigo Ratti, resultado feliz de una vida de experiencias y de estudios que han exaltado sus extraordinarias aptitudes y sensibilidad. Nosotros solo podemos echarlo de menos...

Prof. Luciano Usseglio-Tomasset
Director del Instituto
Experimental para la Enología
ASTI

Nota del editor italiano

He conocido a Renato Ratti, desde siempre, pero sólo en el momento de publicar «Cómo Catar los Vinos» pude apreciar sus cualidades culturales y humanas.

Leyendo muchas veces el texto listo para la imprenta he podido también admirar su estilo conciso y eficaz, claro y agradable: es el mismo estilo riguroso que siempre acompañó a Renato Ratti durante toda su vida y que lo hizó famoso en la divulgación del arte del conocimiento y de la apreciación de los vinos en todo el mundo.

Todo conocía del vino y estoy seguro que para él fue difícil describir en pocas páginas todo su conocimiento.

Este libro completamente rehecho en lo que concierne a las ediciones precedentes del mismo título me lo entregó al final de julio de 1988 mientras que sus últimas notas llevan la fecha de 2 de septiembre de 1988, cuando ya estaba gravemente enfermo.

Esto demuestra la seriedad y el gran empeño que lo ha acompañado durante toda su vida.

Este libro quiere ser un obsequio al amigo y al estudioso, y un estímulo para amar y conocer el vino como él quería y como merece el vino de calidad.

Introducción

El vino es una bebida muy compleja por su composición, y los factores naturales y humanos que influyen en sus características, y por su constitución bioquímica y química que hacen de él un producto especial y atrayente.

Es conocido que los principales factores que influyen sobre las calidades del vino son cuatro: el suelo, la variedad de cepa, el clima y el hombre.

La variedad de cepa representa la calidad potencial, el suelo le da carácter, el clima produce su variabilidad, mientras el hombre logra que alcance cada vez su máxima plenitud.

Los cuatro son factores determinantes para la calidad y la perfección del vino; cuando uno de estos falta, el resultado, con indiferencia de lo que aporten los otros tres, carece ciertamente de algo.

El terreno tiene una importancia especial, porque mantiene características invariables en el tiempo.

También se puede decir que ése es el factor sobre el cual el hombre tiene menos influencia, porque sólo con dificultad alcanza a modificar su estructura físico-química, orientación, posición y localización.

Pueden cambiar las variedades de cepa, las producciones, las técnicas de cultivo pero el «carácter» de un vino obtenido de «un» determinado terreno asegura un buen nivel de calidad. Por suerte, son múltiples los matices y las variaciones de la constitución de los suelos, de la posición, de la altimetría, de las condiciones climáticas y del estado sanitario de la uva. Muchas son también las modificaciones del tipo de uva que se cultiva desde hace siglos mediante pruebas de adaptación de las variedades al suelo. La consecuencia es que hay una infinidad de matices y variaciones entre los vinos, para el placer de quien los bebe. Por cierto, las dificultades para obtener un vino de calidad son tanto más grandes cuanto más elevada es la categoría del vino.

Sería una exageración afirmar que el vino es indispensable para la vida del género humano, pero se puede decir sin duda que contribuye de manera determinante a hacerlo más agradable.

El vino es la típica bebida mediterránea.

Fue estimada como un don divino por todos los pueblos de la antigüedad.

Se debe a Dios el milagro del vino y a las divinidades, los paganos ofrecían uva y vino como dones propiciatorios. La importancia de la vid está bien atestiguada por el influjo que tuvo sobre las antiguas civilizaciones en la transformación en núcleos estables y sedentarios de las poblaciones de cazadores nómadas. Cuando una tribu empezaba a plantar un viñedo, su destino estaba marcado.

La tribu, para recoger los primeros frutos, tenía que quedarse en ese lugar por lo menos durante cuatro años y, como consecuencia, construir viviendas sólidas y robustas, estableciendo un pueblo fijo. Ese es el primer milagro de la viticultura. De hecho la Biblia narra que Noé, tan pronto como salió del arca, plantó una viña precisamente para denotar su voluntad de establecer un pueblo estable y fijo. Y también la elección de Cristo en la última cena, nos prueba cuál era la consideración de la época sobre el vino.

Además, Italia es, entre todos, el más clásico país vitícola mediterráneo. Los orígenes del cultivo de la vid sobre su suelo se pierden en el tiempo. La península Itálica era llamada Enotria Tellus precisamente porque era la tierra de la vida y del vino. Roma otorgaba a sus legionarios las tierras ganadas con la condición de que plantaran vides. Todo ello porque cuando el legionario conquistador empezaba el cultivo de una viña, era a su vez conquistado y atado a la tierra por el ciclo vegetativo de la vid.

Es muy difícil fijar los caracteres determinantes del tipo y del origen y establecer los que hacen el vino agradable, ya que su valoración puede ser muy subjetiva.

Nosotros, sin embargo, sabemos que la calidad de un vino está constituida por el conjunto de las características organolépticas como, por ejemplo, color, aroma, sabor, que lo hacen agradable a los que lo beben y, al mismo tiempo permiten determinar su origen y el tipo.

La degustación

La degustación, o cata, es una operación en la cual tenemos que coordinar un complejo mecanismo de estímulos que, al implicar a los sentidos humanos, origina diferentes sensaciones: el reconocimiento y la interpretación de las sensaciones se designan con el término «percepción».

También si la sensación es subjetiva, la percepción tiene que ser objetiva: esto es posible porque, como nos enseña la experiencia, las sensaciones pueden ser advertidas en sujetos diferentes de una manera parecida, si no idéntica.

El análisis químico determina de manera clara los varios componentes, pero no puede definir y evaluar sus estímulos sobre los sentidos del hombre y las reacciones consiguientes.

Además como hoy en día los laboratorios utilizan instrumentos de medida precisos y con una sensibilidad extrema, por ejemplo cromatógrafo de gases, espectómetro de masas, espectómetro nuclear de resonancia magnética, etc... la importancia del análisis sensorial ha aumentado en lugar de disminuir, como se podría pensar.

La mayoría de los analistas sensoriales se han dado cuenta de que tan sólo a través de la coordinación del análisis instrumental y sensorial se pueden alcanzar informaciones muy precisas.

Por otra parte, cuando el análisis instrumental no logra encontrar señales de determinadas substancias, el catador todavía puede advertir un olor, un sabor, etc.

Además los instrumentos pueden analizar cada compuesto individualmente mientras nuestros sentidos nos permiten una evaluación completa y coordinada.

Ya que el vino es una bebida que el hombre, modificando con su trabajo y su ciencia los dones que la tierra produce, ha conseguido que pueda dispensar placer y satisfacción al que lo bebe según sus cualidades, estando claro que éstas pueden ser comprobadas y juzgadas sólo por la cata.

Además, como las características del vino están determinadas por el origen y la técnica de elaboración, que son factores estrechamente conectados entre sí ya que estas características pueden ser evaluadas y con suficiente precisión sólo por la degustación, aquí hay otra razón para elegir este ensayo como el único modo capaz de evaluar y juzgar el vino.

La cata de un vino se lleva a cabo a través de la vista, el olfato, el gusto y el tacto; cada evaluación general es irreemplazable, para dar juicio global, que desde la evaluación cualitativa permite obtener implicaciones técnicas.

Hablando de la degustación, se puede también comentar el concepto de «calidad».

Aunque la definición de este concepto difícilmente se puede expresar de manera unívoca, es evidente que este concepto fundamental para el vino es el conjunto de las características que lo hacen aceptable, agradable o apetecible. Además el término «calidad» en el lenguaje técnico enológico, siempre se refiere a características buenas u óptimas del vino.

Si se utiliza esta palabra negativamente, tiene que ir seguida de una especificación adecuada, por ejemplo «mucha calidad». De hecho, en la definición de la Unión Europea, «Vino de calidad producido en una región determinada», abreviado V.Q.P.R.D., la palabra «calidad» tiene claramente un sentido de «características óptimas».

La cata constituye un momento de fundamental importancia para comprobar las características de un vino. Permite analizar los componentes, evaluarlos uno a uno, juzgarlos en conjunto, apreciar sus características positivas, señalar los caracteres negativos, hacer razonables previsiones sobre las futuras transformaciones.

La degustación también es una operación indispensable para orientar la producción del vino. Esta no puede, de hecho, pasarse sin la degustación, ya que no sólo permite la evaluación del producto, sino también cuando está bien hecha (o sea efectuada por un catador que tenga conocimiento de las conexiones profundas entre constituyentes del vino y las sensaciones que origina) permite un juicio técnico no reemplazable sobre las correcciones que hay que aportar el producto como la operación (la acción de beber) es, al mismo tiempo, compleja y natural, la degustación puede ser efectuada de varias maneras, que van desde una evaluación muy elemental (bueno/no bueno), hasta llegar a la utilización de procedimientos codificados, para que sea posible la elaboración matemático-estadística de los juicios y para que se obtengan éxitos objetivos y rigurosos.

Es evidente que las degustaciones con las que se buscan caracteres sencillos, que puede ejecutar con un juicio individual, mientras que para aquellas con las que se buscan caracteres más complejos y subjetivos, el juicio final tiene que ser elaborado por más catadores.

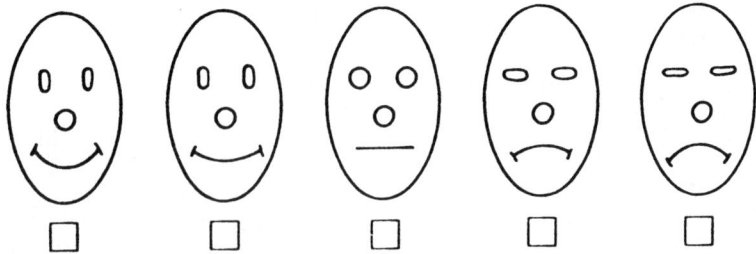

Ensayo sensorial de Ellis sin puntuación. El juicio se expresa señalando el cuadrado debajo de cada cara con los juicios de: malo, insuficiente, aceptable, bueno y muy bueno.

**Comité de Cata. Consorcio para la tutela de «Asti Spumante». Asti.
La norma ISO 6658 fija el número de catadores en función del tipo de prueba
y de su capacidad.**

Panel de catadores

En los ensayos científicos es muy importante el «panel de catadores». Este es fundamental para hacer una correcta degustación.

Está constituido por lo menos por cinco catadores con aptitudes homogéneas de percepción, experiencia, capacidad de descripción, que sólo surgen por haber hecho juntos muchas pruebas. El panel de catadores logra estadísticamente alejar subjetividad en la respuesta.

La evaluación objetiva nace de un juicio dado por un número significativo de catadores experimentados y que se portan de una manera ya codificada en la degustación, en las definiciones y en la atribución de una puntuación que esté matemáticamente definida.

Cuando, como en las bodegas, el panel es de gran ayuda, puede estar constituida por tres catadores.

Las degustaciones en equipo deben desarrollarse sin interferencias, o sea cada catador tiene que dar su juicio personal.

De hecho, en una degustación, en la cual un catador dé su opinión en voz alta, todo el equipo quedará condicionado. Es lógico que, cuantos más sean los catadores, menores errores surgirán, porque habrá una mayor participación en el juicio, y por tanto un mayor equilibrio.

Hay también equipos de juicio, que para darle una mayor validez, y para que sea lo más objetivo posible, no consideran ni la puntuación mayor, ni la menor. Sólo se siguen estos procedimientos en casos extremos, y no siempre los resultados son positivos.

Normalmente se hace una evaluación subjetiva a partir de los resultados de una cata hecha sin recuentos estadísticos. La valoración subjetiva es motivada por una degustación de un solo catador y pocos catadores muy especializados, sin correlaciones matemáticos, y con asignación de puntuación a veces no precisa, de hecho puede suceder que se fije un total, y que, conforme a éste, se atribuyan puntos a cada característica.

Escalas de medida

Para cualquier valoración necesitamos escalas de medida que permitan obtener resultados concretos y comparables, si se utilizan como está establecido.

Para expresar un juicio organoléptico de un vino se han desarrollado con el tiempo normas estables de medida ideadas por diferentes autores y expertos en el tema.

Escala de medida descriptiva

Es utilizada en ciertas pruebas o en degustaciones en las cuales los catadores pueden también llevar a cabo la cata juntos.

Se utilizan, en esta escala, definiciones como:
EXCELENTE
OPTIMO
BUENO
DISCRETO
SUFICIENTE
ORDINARIO

A primera vista puede parecer muy sencilla, pero en realidad se establece un principio fundamental en la interpretación y la utilización exacta de las definiciones, o sea los catadores tienen que tener una preparación uniforme máxime cuando, como ya hemos dicho, los catadores pueden trabajar juntos, o sea en voz alta.

Escala de medida numérica

Es la que se utiliza con mayor frecuencia, ya que están traducidas en números las definiciones o las valoraciones de los distintos factores que componen las características del vino degustado.

Para aplicarla correctamente y también para excluir la repetición de los números más frecuentes utilizados son necesarios catadores rigurosos.

Sin duda es una escala de medida que, bien utilizada, permite obtener resultados análogos y comparables.

Escala de medida libre

Con esta escala se recogen las valoraciones mediante una ficha sobre la cual están escritas sensaciones que hay que analizar libremente por lo que concierne a la colocación gráfica de los juicios, que el catador asigna, dibujando puntos que unidos pueden componer una línea.

Con esta línea se puede determinar la puntuación en una escala de 0 hasta 100, pero lo más importante es la continuidad o discontinuidad de la línea, que es un verdadero gráfico.

Si la línea es continua, el vino es equilibrado, si la línea es discontinua, con altibajos, el vino no es equilibrado.

Esta escala de medida es muy útil porque elimina puntuaciones variables y hace al catador más libre en sus juicios. Además puede ser muy eficaz si ya se conocen de un vino las características generales o la descripción olfativa, que ya está escrita en la ficha: en estos casos el catador tendrá que evaluar solamente las intensidades de las características.

Se pueden también emplear fichas de tipo numérico, cuando no tengan coeficientes multiplicadores de puntuaciones asignadas. Por ejemplo en la ficha a la puntuación mostrada en este libro o en la ficha UIO, cuando está ya establecido el valor de las sensaciones, se unen las puntuaciones y se obtiene un gráfico.

De un gráfico con una línea más o menos recta se deduce que el vino analizado es muy equilibrado. Al revés, si la línea tiene ángulos muy pronunciados, significa que el vino no está perfectamente equilibrado.

Es preferible un vino que tenga 80 puntos sobre 100, si los 80 se obtienen por valoraciones parecidas y por eso la línea resueltamente es recta, a un vino que tenga 85 puntos sobre 100, si los 85 se obtienen de una serie de valoraciones no parecidas.

Está claro que un perfil gráfico regular representa un vino armónico, con buen equilibrio. Este último punto es importante para conseguir un juicio general que no puede sólo fundarse sobre puntuaciones.

Está bien que cada cata sea comprobada por el conocimiento de algunos parámetros químicos, de manera más o menos profunda según el tipo de juicio, así como también es necesario que cada cata sea realizada por personas con sensibilidad organoléptica y preparación técnica o científica adecuada al tipo de juicio que tienen que expresar.

El catador

El arte de la cata no es para unos pocos. A excepción de personas que tienen enfermedades que afectan a alguno de los sentidos útiles para esta operación, todo el mundo puede catar un vino, siempre que quiera aprender las técnicas básicas y posea los conocimientos fundamentales sobre la bebida que tiene que examinar.

Potencialmente cualquiera tiene capacidades sensoriales suficientes para realizar el análisis gustativo de un vino. Estas capacidades pueden quedar reducidas por sensaciones desviantes (como la utilización frecuente de tabaco) o también por la edad del catador: la sensibilidad gustativa por ejemplo se reduce así como también disminuyen las células de la cavidad oral. La disminución de tales células constituye uno de los aspectos del complejo fenómeno de la senectud.

Los sentidos implicados en la cata pueden afinarse hasta lograr un alto nivel de perfección. Sin embargo este resultado sólo se alcanza con un ejercicio continuado, una práctica constante y rigurosa. No obstante hay personas que se puede decir que son catadores de nacimiento.

Pero está claro que para llegar a ser un buen catador se necesita una buena memoria, capacidad sensorial, y técnica de cata; sin embargo estos elementos no son todavía suficientes para expresar un juicio exacto. De hecho la facultad de exponer su opinión cambia con el nivel de experiencia de cada catador.

Es obvio que los catadores profesionales no son una minoría, aunque todo el mundo puede aprender este arte.

Por ello, la cata es la elaboración de la percepción sensorial que se puede alcanzar con la aptitud para recoger las diversas sensaciones originales por el vino y examinarlas, utilizando intuiciones y memoria apropiadas para su clasificación; además se requiere un conocimiento suficiente para exponer una opinión correctamente. También es imprescindible poseer un vocabulario suficientemente amplio, que utilice términos con sentido preciso, pero a menudo independiente del uso que se hace diariamente o del sentido literal: sentido que, precisamente a través de la práctica de la cata, se tiene que aprender a relacionar con características organolépticas definidas. Un buen catador tiene que ser preciso y metódico durante un análisis gustativo-olfativo. El catador puede ser «empírico» o «técnico» según su competencia técnica, preparación, estudio y experiencia específica.

Para poder considerarse un verdadero catador, éste debe ser lógico, capaz de dar un juicio que sea lo más objetivo posible.

Hay, además, dos tipos de cata; una que se realiza «científicamente» y otra que se realiza no científicamente: lógicamente se prefiere la primera, porque es más precisa. Con este tipo de cata, se deben analizar las distintas sensaciones utilizando métodos exactos (por ejemplo pruebas diferenciales, pruebas descriptivas con muestras sensoriales, etc.) y trabajar en paneles donde los resultados sean analizados estadísticamente. Al contrario, en la cata «no científica» el catador refiere sus sensaciones sin analizarlos, se basa sobre su experiencia personal, y muchas veces estima las impresiones recibidas según el placer que éstas le proporcionan.

En el primer caso, o sea en la cata científica, el catador trabaja casi como si fuera un instrumento, que es sometido a pruebas selectivas regulares: en el segundo caso el catador es más libre en sus valoraciones y a menudo hace «pruebas de amenidad» en lugar de pruebas cualitativas.

Finalmente un catador tiene que poseer facultades naturales de percepción olfativa y gustativa suficientemente buenas. Según M. Vescia estas facultades tendrían que ser sometidas al examen preliminar que figura a continuación:

1. Umbral olfativo normal

Se prepara un solución de alcanfor diluyendo en 200 ml de agua 1 ml de solución obtenida echando 0,2 g de alcanfor en 100 ml de alcohol de 95%. Se añade 1 ml de la solución acuosa a 1 l de agua en un envase de cuello ancho, mientras en otro envase igual se pone agua pura. Se tapan los dos envases con vidrio y se espera una hora, hasta que se levanten los vidrios: un individuo con buena sensibilidad olfativa tiene que reconocer el envase con alcanfor aspirando el aire que emana tanto con un orificio nasal como con el otro. La temperatura del agua tiene que estar en torno al 15-20 ºC.

2. Umbral gustativo normal

Preparar tres soluciones acuosas con:

Sal común	1g/l
Sacarosa	5g/l
Ac. cítrico	0,25g/l

Una sensibilidad gustativa normal tiene que percibir e identificar la solución salada, la ácida y la dulce. El estado fisiológico del catador influye considerablemente en el nivel de percepción de los estímulos sensoriales. Por ejemplo, la actuación de catadores en diferentes condiciones, o sea de saciedad, normalidad, ayuno, se muestra alterada sólo para los catadores en estado de saciedad. En este estado, el nivel de percepción está muy por debajo de lo normal, y por ello las valoraciones son erróneas en comparación con la intensidad de los estímulos.

Hay también otras condiciones fisiológicas del catador que lo llevan a valoraciones diferentes de los estímulos sensoriales.

Durante el embarazo, sobre todo al principio, a las mujeres no les gustan varios alimentos por efecto de componentes psicológicos, opiniones, costumbres, prejuicios.

Está claro que en esta situación no es posible una cata objetiva. También al envejecer se manifiestan deficiencias en la percepción. Los investigadores no están de acuerdo sobre este asunto, o sea no se sabe de manera precisa si hay menor sensibilidad a lo dulce, a lo salado, etc.

Parece cierto que a los 70 años la capacidad sensorial gustativa-olfativa es un 50% inferior con relación a la de un individuo de 25 años. Parece que esta carencia se verifica de manera repentina hacia los 65 años y no progresivamente. El humo del tabaco, además no sólo dificulta la percepción de los olores más tenues, sino que también disminuye la capacidad de individualización. Se debe finalmente considerar la costumbre a determinados olores: por ejemplo si uno trabaja desde hace mucho tiempo en un lugar donde existen determinados olores, no los podrá percibir fácilmente.

La técnica de la cata

La cata se desarrolla en una serie de momentos encadenados, que empiezan con la anotación de memoria de las sensaciones visuales, y después de las olfativas, táctiles, gustativas, olfativas.

Después se busca la presencia (o ausencia) de un equilibrio entre los varios componentes organolépticos y la existencia de características indicativas del origen del vino.

Las diversas sensaciones son encadenadas entre sí, es decir, una origina otra y envían, a veces adelantando las distintas impresiones, ofreciendo una consecuencia de opiniones y deducciones, influyente en el juicio final. La cata está organizada de manera que se puedan percibir las distintas sensaciones lo más apropiadamente posible. El aspecto de un vino está vinculado a la limpidez, al calor, a la viscosidad, a la eventual efervescencia. La valoración de la limpidez se hace colocando la copa del vino al contraluz, para que sea atravesado por los rayos de una fuente de luz intensa, si es posible la llama de una vela. Para estimar correctamente la limpidez del vidrio, se pone entre la fuente de luz y la copa, un objeto cualquiera, por ejemplo un dedo o la mano: si la limpidez es buena, los bordes del objeto tienen que ser nítidos.

La valoración del color se realiza mirando el vino en la copa sobre un fondo completamente blanco para identificar la vivacidad y la tonalidad.

El aspecto de un vino se evalúa a través del análisis visual, y está vinculado a la limpidez, al color, (vivacidad y tonalidad), a la viscosidad y a la eventual efervescencia.

Durante el examen del olor, el catador aspira el aire que emana del vino para identificar el aroma, el olor y el perfume.

Se levanta la copa hasta la altura de los ojos, después se baja y levanta otra vez para que se pueda examinar con atención el contenido y apreciar de esta manera todos los matices del tipo e intensidad del color y la eventual presencia de burbujas y de espuma; se intenta poner la copa en todas las posiciones de luz indirecta posible.

La técnica de cata divide en dos momentos la prueba olfativa: el primero consta de una aspiración del aire sobre la copa de vino y con eso se identifica al instante el olor. En el segundo se examina un vino ya analizado con el examen gustativo, o sea fuera de la boca e implica tanto la percepción retronasal como la nasal, consiguientemente a la aspiración directa y repetida que permite identificar y catalogar los perfumes.

Las sensaciones olfativas retronasales no siempre son iguales a las nasales, de aspiración. De hecho la temperatura del vino en la copa y la del vino en boca son diferentes y está claro que cuando la temperatura sube, se desprenden más sustancias volátiles.

Sede de la percepción y vía olfativa. Se diferencian la vía nasal, que identifica el olor sencillo y la retronasal que identifica «el olor de boca».

La rotación de la copa levanta el vino, acrecentado su volatilidad y el nivel de percepción.

Además en la boca el vino está más agitado, y las enzimas de la saliva pueden desprender otras sustancias volátiles. Para expresar el primer tipo de valoración olfativa se da a la copa de vino un movimiento rotatorio amplio y lento.

Así la fuerza centrífuga hace subir el vino llevándolo sobre las paredes de la copa. Terminado el movimiento rotatorio, el ligero velo sobre las paredes de la copa se evapora, si el catador aspira en seguida, puede identificar en su exacta intensidad todos los componentes volátiles del vino examinado.

Para la elaboración gustativa, táctil y gustativo-olfativa, el catador introduce en la boca una pequeña cantidad de vino y lo retiene en la parte anterior. Con la punta de la lengua reparte el vino poniéndolo en contacto con las zonas más sensibles del paladar anterior.

El vino se reparte por toda la boca y el catador aspira con cuidado una cantidad de aire suficiente a fin de volatilizar los principios activos del vino y excitar lo más posible la sensibilidad gustativa y táctil.

Finalmente el vino es tragado o, si se catan muchas muestras, se deglute una pequeña cantidad de vino, y se saca de la boca la mayor parte de éste. Se deben considerar con atención también las sensaciones que se perciben en este momento. Esas son, como ya se ha dicho, tanto gustativas como olfativas ya que afectan al sector retronasal. Para evaluar visualmente la viscosidad, se mantiene la copa con el vino en posición normal, dejando que el velo de líquido que está sobre las paredes por la rotación, forme lágrimas más o menos marcadas para ser correctamente evaluadas.

El vino introducido en la boca en una pequeña cantidad permite la evaluación gustativa, táctil y gustativo-olfativa.

Después de que ha difundido el vino en boca, el catador aspira una cantidad de aire adecuada. Las sensaciones así percibidas son consideradas con atención y evaluadas para expresar el juicio gustativo y gustativo-olfativo final.

Las reglas de la cata

En cualquier prueba de cata conviene tener presente algunas reglas prácticas. En una degustación en la que son sometidos a examen diversos tipos de vino, conviene iniciar por los más ligeros y los más secos.

Esta es la regla principal, en cuanto a las sensaciones para ser evaluadas bien y captadas en escala de intensidad progresiva y diferencia sustancial.

Los vinos jóvenes deben ser catados antes que los vinos viejos.

Regla importante es la de separar la cata según el tipo de vino: cata de vinos blancos, de vinos rosados, de vinos tintos, de vinos dulces, de vinos secos. Cada tipo de vino debe ser catado en un tipo homogéneo.

En la imposibilidad de proceder de la forma indicada se debe comenzar por los vinos blancos ligeros para terminar con los vinos tintos acerbos y de cuerpo. Una propuesta no exenta de racionalidad es que los vinos tintos se degusten antes que los vinos blancos en cuanto que vayan a juzgarse vinos blancos que manifiesten una sensación tánica anormal.

Si se trata de vinos de una cierta edad el examen debe realizarse inmediatamente después de la decantación. En efecto los vinos no deben exponerse a la acción del oxígeno, salvo en el caso muy evidente de la presencia de un refermentación.

El criterio a seguir por orden cronológico correcto de presentación a un comité de cata está así sintetizado.

vinos blancos	(de variedades de cepas no aromáticas)
vinos rosados	(de variedades de cepas no aromáticas)
vinos tintos	(de variedades de cepas no aromáticas)
vinos aromáticos	
vinos especiales, vinos espumosos	
vinos licorosos	

Dentro de los cuatro primeros grupos, debe tenerse presente una segunda escala de valores en este orden cronológico:

vinos tranquilos, vinos de aguja

Por fin la tercera escala de valores está basada en las distintas cantidades de azúcar que califica los distintos vinos espumosos de esta forma:

vinos secos	máximo	8 g de azúcar/litro
vinos espumosos	máximo	20 g de azúcar/litro
vinos semisecos	de	8 a 25 g de azúcar/litro
vinos espumosos semisecos	de	15 a 35 g de azúcar/litro
vinos semidulces	de	25 a 50 g de azúcar/litro
vinos dulces	más de	50 g de azúcar/litro
vinos espumosos dulces	más de	50 g de azúcar/litro

Para una posterior ordenación prioritaria en la presentación dentro de una categoría formada en base a tres escalas de valores sobre lo indicado (por ejemplo, vinos tintos de cepas no aromáticas, tranquilos, secos, se puede proceder a una prevaloración para una individualización de la estructura, grado alcohólico, edad, persistencia).

Si por casualidad al comienzo de una cata, las impresiones dejadas en los primeros dos o tres componentes del comité examinador son inciertos o mal definidos y dan lugar a juicios poco fiables, debe repetirse el examen.

Este fenómeno denominado de «adaptación» se presenta porque el olfato viene inmediatamente estimulado por sensaciones iniciales fuertes, que no dejan espacio para las percepciones de las sensaciones secundarias, más finas y complejas.

Es aconsejable inmediatamente realizar una cata preventiva para poner al punto el aparato olfativo.

En la definición del perfil cuantitativo, se efectúa siempre la graduación: todos los jueces evalúan un vino y después declaran en voz alta el valor dado a cada descriptor. Se determina así la mediana y todos, mentalmente, se gradúan sobre este valor.

Las sensaciones sensoriales deben ser percibidas por la vista, el olfato y el gusto de una cata en perfecto estado de equilibrio físico y fisiológico.

Se debe evitar escrupulosamente influencias en el juicio. La atención debe ser máxima y el juicio debe emitirse después de una prudente y atenta reflexión y concentración.

La hora más indicada para una cata es alrededor de las 10 u 11 de la mañana, después de dos horas de la primera comida matutina.

No se debe degustar inmediatamente después de haber realizado una comida abundante.

Las exigencias generales y de ambiente para poder captar en pleno las características de un vino son las siguientes:

El local: buena luminosidad, mejor si está iluminada con luz difusa, con paredes de pintura neutra (clara) y con absoluta ausencia de olores extraños.

La mesa de cata (articulada o fija): debe estar preparada para comités formados de tres a cinco o incluso siete miembros.

La cabina de cata debe permitir el servicio al interior de los mismos, permitiendo que las decisiones de los miembros participantes de la cata se realicen separadamente por medio de mamparas de tal forma que aislen a cada uno de los componentes del panel de cata.

Las cabinas deben ser de material lavable y a ser posible blancas.

La encimera: blanca para poder evaluar el aspecto y color del vino.

La copa de cata: la forma del catavinos, de cristal incoloro, transparente, liso, homogéneo, el pie más bien largo, y cerrada en forma de tulipán para permitir una justa concentración de los perfumes y los aromas.

Para cuando se realicen pruebas dúo-trío o en la prueba triangular, pueden utilizarse catavinos de plástico transparente.

Debe evitarse introducir posibles variantes (olores anormales, derivados de una no uniforme limpieza del vidrio) que son siempre alteraciones en el juicio. Además el número de catavinos necesario, en estas formas de pruebas científicas, es enorme y el suministro de catavinos de plástico transparente es extremadamente simple.

La fuente luminosa: no intensa, pero con emisión de un espectro continuo como la llama de una vela que permita una buena evaluación de la brillantez del vino.

La neutralización del paladar: para restituir la neutralidad al paladar después de una cata es necesario quitar los residuos organolépticos activos, sirviéndose de un medio neutro, como pan, colines, galletas no saladas, enjuagándose después con agua pura.

La transcripción de las sensaciones: el catador debe tener a su disposición una ficha en la cual poder describir inmediatamente las sensaciones percibidas durante las distintas fases de la cata.

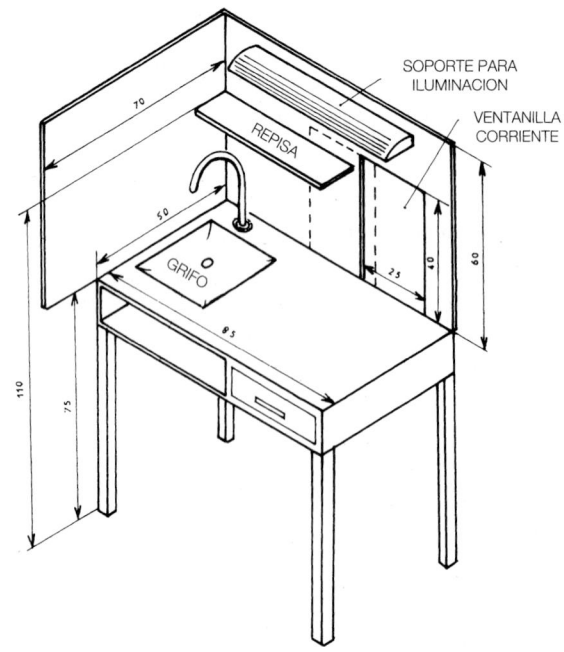

Mesa de cata según I.S.O.

La temperatura ideal: del vino a examinar debe oscilar en torno a los 18 grados centígrados para los vinos tintos y alrededor de los 12 grados para los vinos blancos.

El ino debe echarse: en el catavinos en cantidad inferior a la mitad de su capacidad total.

El catador debe manejar el cata inos tomándolo por la peana (nunca por el cuerpo), de esta forma se evita el aporte de olores de la mano que pueden interferir negativamente en la correcta percepción de las sensaciones olfativas, así como comunicar un aumento de la temperatura.

Material complementario para una correcta prueba de degustación:

Organización de la cabina	Catavinos
	Fuente luminosa (vela o lámpara)
	Colines o pan
	Vaso de agua
	Escupidera
	Esquema de referencia
	Pluma
	Ficha
Organización para pruebas de pareja o triangular	Catavinos de plástico transparente
	Fuente luminosa (vela)
	Colines o pan
	Escupidera
	Esquema de referencia
	Pluma
	Ficha

Tiempos y secuencia de las operaciones de cata

Sensaciones visuales	
Reconocimiento del estado del vino y carácteres generales del tipo (ejemplo espuma, aguja), color edad	al menos 30"
Reconocimiento de imperfecciones	al menos 20"
Descripción	
Reconocimiento de características positivas	al menos 20"
Descripción	
Rotación de catavinos y reposo	
Reconocimiento de viscosidad	al menos 30"
Descripción	

Sensaciones olfativas:	
1.º Rotación del catavinos	al menos 20"
Primera aspiración	al menos 5"
Identificación de imperfecciones	al menos 20"

2.º Rotación del catavinos	al menos 20"
Segunda aspiración	al menos 5"
Identificación de características positivas	al menos 20"
3.º Rotación del catavinos	al menos 20"
Tercera aspiración	al menos 5"
Eventual identificación de perfumes similares	de al menos 30" a 1'

Sensaciones gustativas y gusto-olfativas

1) Introducción del vino en la cavidad bucal
   Removido y ligera introducción de aire — al menos 10"
   Expulsión del vino
   Reconocimiento e identificación de imperfecciones
   Reconocimiento e identificación de las características
   térmico-táctiles de estructura — al menos 30"
   Descripción

2) Introducción del vino en la cavidad bucal
   Removido y ligera introducción de aire
   Expulsión del vino
   Confirmación de los caracteres anteriormente encontrados — al menos 5"
   Deglución limitada a la cantidad de vino que permanece
   en la cavidad bucal
   Percepción e identificación por aspiración de las
   características gusto-olfativas, eventual identificación
   de perfumes similares — al menos 30"
   Descripción

3) Introducción del vino en la cavidad bucal
   Removido y ligera introducción de aire — al menos 10"
   Expulsión del vino
   Reconocimiento de sensaciones de persistencia
   Confirmación de caracteres anteriormente encontrados
   completando su descripción

Sensaciones visuales

El aspecto del vino es de fundamental importancia no sólo para una inmediata clasificación sino también para la posibilidad de facilitar el desarrollo de la cata. Es la resultante de la contribución de cuatro elementos: el calor, la eventual efervescencia, la limpidez, la viscosidad.

A través de la valoración del color se inicia la primera clasificación elemental del vino: blanco, rosado, tinto; la tonalidad del color aporta indicaciones sobre la edad; la eventual presencia de espuma clasifica el vino como espumoso o de aguja; el grado de limpidez puede delatar un estado de alteración; la viscosidad suministra una información sobre la estructura del vino a examinar.

El color de los vinos tintos

En los vinos tintos el color es debido a determinadas sustancias como las anotaciones, los taninos y algunos productos particulares que se producen de sus transformaciones. Las sensaciones visuales relativas al color consisten en la vivacidad (unida con la trasparencia), la intensidad y la tonalidad.

La vivacidad o el color en los vinos tintos está relacionada con el grado de acidez del vino, tanto que los vinos escasamente ácidos se presentan descoloridos. La excepción a esta regla se da en los vinos jóvenes muy ricos en antocianas en las que la gran cantidad de sustancias colorantes acentúan la vivacidad del color, a pesar de tener una acidez relevante.

La intensidad debida a diversos factores: la clase de uva (más o menos rica en materia colorante), al terreno (normalmente un vino obtenido de un viñedo cultivado en un terreno calcáreo margoso

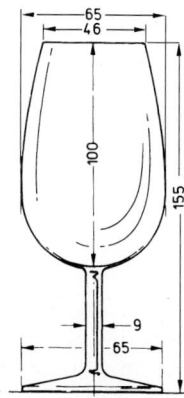

a) vaso especial "a tulipán" según I.S.O.

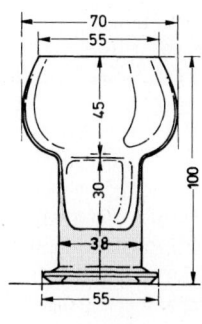

b) vaso especial a dos estados para vinos tintos.

31

Análisis organoléptico.
El análisis visual permite percibir la limpidez, el color (tonalidad y viveza) y la viscosidad del vino.

tiene más color que un vino que proviene de un viñedo cultivado en terreno arenoso), al grado de madurez de la uva, el estado de sanidad de la uva en el momento de la vinificación (de uvas mohosas se obtiene vino con poco color), al sistema de vinificación (con temperatura media-alta de fermentación se obtienen vinos más coloreados), con la termovinificación se obtienen vinos ricos en antocianas que sin embargo dan lugar a abundante precipitación de color.

La variación del color depende de la añada de producción, de su evolución súbita en el tiempo. En la práctica, la evolución del color de un vino tinto puede ser resumida de esta forma:

1.ª Fase: rojo-violeta cargado
2.ª Fase: rojo rubí con reflejos violáceos
3.ª Fase: rojo rubí
4.ª Fase: rojo rubí con reflejos anaranjados
5.ª Fase: rojo granate
6.ª Fase: rojo granate con reflejos anaranjados o amarillos

Los tiempos de esta evolución no son fijos.

Dependen del tipo de vino (tipo de uva, de terreno, de proceso de vinificación), del sistema de conservación, de las eventuales oscilaciones térmicas durante la conservación, de las vibraciones a las cuales es sometido.

Es sabido que el mayor enemigo de la intensidad del color son las oscilaciones térmicas: con el calor se aceleran todas las reaccio-

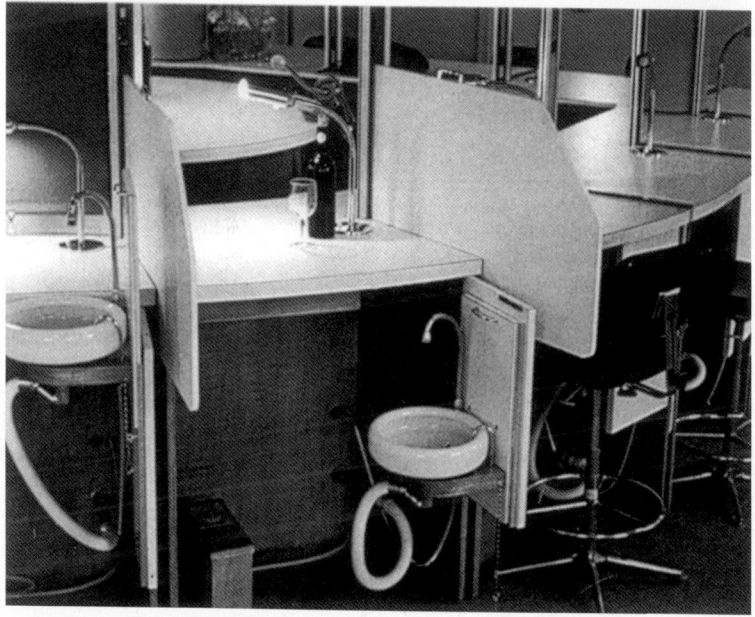

**Modernos compartimientos para la cata y detalle de instalación
(de "El Gusto del Vino" Peynaud).**

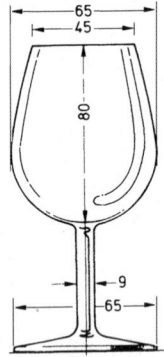

c = vaso derivado desde el tulipán I.S.O., más bajo de 2 cm.

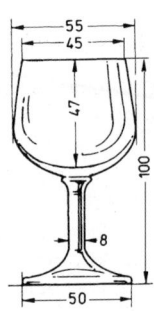

f = otro tipo de copa para vinos blancos de 50 ml de capacidad.

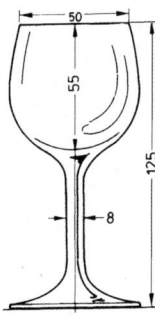

d = copa para vinos blancos, con pie alto.

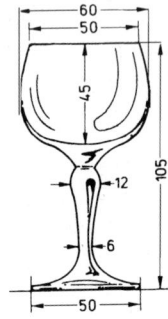

g = copa con pie espeso de 50 ml de capacidad.

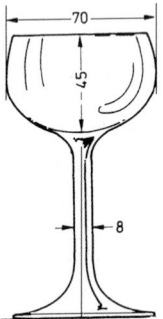

e = típica copa utilizada para vinos blancos alemanes.

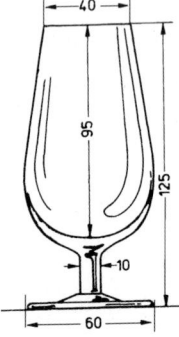

h = vaso de forma esbelta para vinos especiales como Marsala y Sherry.

nes por carga de las sustancias colorantes y con el frío se facilita la precipitación de los complejos coloidales.

El color de los vinos blancos

La leve tonalidad anaranjada de un vino joven parece ser debida a los productos de una incipiente oxidación de los polifenoles incoloros.

Ciertamente a los productos de transformación de los polifenoles es debida la evolución del color de los vinos blancos en el tiempo hacia colores más marcadamente amarillos, ámbares, hasta a pardos.

La riqueza en polifenoles de un vino blanco está en relación a la variedad de la uva, pero depende fuertemente de la técnica de vinificación que debe tender a disminuir al máximo el tiempo de contacto del mosto con los hollejos, sede de la mayor parte de los polifenoles de la uva. También la sucesiva clarificación de los mostos lleva a obtener vinos blancos de intensidad colorante reducida.

La eventual fermentación en cubas de madera o en barricas al final y con el paso del tiempo influyen ulteriormente sobre la intensidad colorante y la tonalidad (que virará hacia un amarillo más marcado).

La intensidad del color de los vinos blancos viene definida por una valoración que la confronta cualitativamente por los colores de tonalidad e intensidad anotadas.

La evolución del color de un vino blanco está comprendida en la práctica en el cuadro siguiente:

1.ª Fase: blanco papel
2.ª Fase: blanco con reflejos verdosos o amarillentos.
3.ª Fase: amarillo con reflejos verdosos.
4.ª Fase: amarillo pajizo.

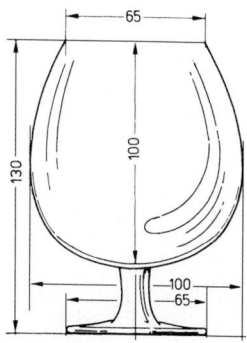

i = vaso de gran capacidad para Brandy y Cognac.

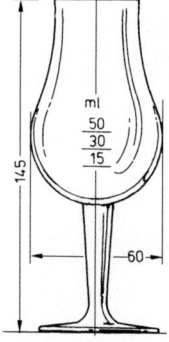

l = típico vaso "de tulipán" de capacidad limitada.

5.ª Fase: amarillo dorado.
6.ª Fase: amarillo ámbar.
7.ª Fase: amarillo ámbar con tendencia a pardo.

El color de los vinos rosados

En los vinos rosados el color es naturalmente el rosa, que en sus posibles variaciones de intensidad y tonalidad puede ser así indicado:
rosa pálido
rosa
rosa antiguo
rosa cereza

La viscosidad

Siempre visualmente se aprecia el grado de viscosidad o fluidez del vino.

La viscosidad se aprecia verificando el desarrollo del velo que se ha formado con el movimiento rotativo del vaso: una formación de lágrimas (debida a un buen contenido de alcohol), indica inmediatamente que el vino es rico en dos elementos con valores proporcionales naturalmente a la intensidad y consistencia de las lágrimas. Un vino que ha sufrido una alteración microbiana, por ejemplo la grasa (debido a bacterias específicas que dan origen a determinados polisacáridos aumentan su viscosidad), se detecta inmediatamente de forma visual.

La limpidez

El vino debe ser límpido, el defecto de esta característica se evidencia al beberlo, que sufre una alteración de naturaleza fisicoquímica o microbiológica.

A parte del hecho de que en un vino no límpido o están alterados la evolución del color o el contenido de las sustancias volátiles, la limpidez es carácter esencial para un vino sano y estable. Las variaciones de la limpidez son las siguientes: brillante, límpido, velado, opalescente, turbio.

El término *brillante* define a un vino que refleja una tonalidad pura y vivaz, correspondiente al propio color, la luz directa que le ilumina.

Por *límpido* se entiende un vino perfectamente transparente.

La efervescencia

En un vino es debido al anhídrido carbónico en él contenido, que se libera al contacto con el aire.

Es una característica indispensable en los vinos espumosos y en menor medida en los gasificados, mientras que constituye un defecto en los vinos tranquilos.

Debe estar bien claro que la ausencia total de anhíbrido carbónico es un factor negativo, en cuanto que el vino viene a resultar insípido.

En los vinos tranquilos, en efecto, incluso si no se percibe visualmente, la presencia de anhíbrido carbónico es indispensable, tanto porque exalta la sensibilidad de apreciación de las diferentes sensaciones olfativas y gustativas, cuanto porque confiere frescura al vino.

Los vinos tranquilos, y en particular los que provienen de uvas aromáticas o semiaromáticas, pueden contener hasta un gramo de CO_2 por litro; los otros vinos blancos hasta 0,8 gramos por litro; los vinos tranquilos tintos jóvenes hasta 0,6 gramos, mientras los vinos tintos viejos no deben superar 0,2 gramos por litro.

El tipo de efervescencia de los vinos espumosos se calcula observando el diámetro de las burbujas, la cantidad y su duración.

Cuanto más pequeño sea el diámetro de las burbujas mejor es la calidad de la espuma. El diámetro está en relación a la temperatura y a la duración de la 2.ª fermentación, tanto en botella como en grandes recipientes y es tanto más pequeño cuanto más baja esta temperatura desarrollada durante el proceso de la 2.ª fermentación (toma de espuma).

Idéntica influencia viene ejercida sobre el número de burbujas y sobre la persistencia del fenómeno de la efervescencia, incluso si estas dos últimas características están también en relación con la cantidad de azúcar fermentado y por consiguiente la presión final de espumoso.

Sensaciones olfativas y gustativo-olfativas

El olfato es el sentido más comprometido en la degustación en cuanto que su sensibilidad es extremadamente más elevada respecto a la de los otros sentidos, y es el único sentido capaz de advertir y distinguir un espectro infinito de sensaciones no sólo cuantitativamente, sino cualitativamente diversas, con una gama vastísima, tanto en el ámbito de los olores agradables, como de los desagradables. De hecho los otros sentidos son en general capaces de captar pocos tipos de sensaciones, valorando la diversa intensidad.

Las sensaciones conectadas al olfato son por tanto las más importantes con el fin del examen de un vino. Para que tales sensaciones sean perceptibles, es necesario que las sustancias responsables sean volátiles.

El órgano interesado es la mucosa olfativa, localizada en las fosas nasales (formadas por tres cornetes superpuestos) y precisamente en el cornete medio y superior, que presenta una superficie variante de 1,2 a 2 centímetros cuadrados.

Se toma la hipótesis de que las células formantes de esta mucosa disponen en medida diversa de una sustancia, indicada como receptor, la cual influye en la sensibilidad de la percepción.

A la diversa dotación de receptor se atribuyen las diferencias de sensibilidad demostrada de sujetos diversos y la actitud particular de percibir olores determinados.

El grado de percepción está de todos modos relacionado con la estructura espacial de la molécula de la sustancia que confieren las sensaciones olfativas y a las propiedades químicas y físicas de la misma.

Sin embargo la mezcla de más sustancias en una cierta relación equilibrada puede originar una sensación nueva y diferente de la provocada por los componentes singulares, en cuanto la complejidad de una mezcla puede volverse tan equilibrada para favorecer sensaciones de vericidad, constituyendo precisamente una variedad independiente.

Las exactas propiedades de las células de la mucosa olfativa así como las de las sustancias olfativas en su variabilidad química, física o de mezcla, no son conocidas.

Lo que resulta en cambio probado es la capacidad, por parte de las células de la mucosa, de seleccionar en el tiempo las varias sustancias olfativas a través del fenómeno llamado costumbre.

Como ya se ha aludido antes en una primera, más intensa, inmediata sensación olfativa, a continuación, a medida que se procede al examen y por lo tanto se continúa el estímulo, otras sensaciones sucesivas, en escala de intensidad decreciente.

Las varias sensaciones en efecto vienen asimiladas y canceladas, permitiendo extender la posibilidad de percepción y otras sensaciones sucesivas.

Diversas formas de vasos para vinos blancos (1-2), rosados (3), tintos (4-5), espumosos (6-7).

Es un aspecto éste, verdaderamente interesante y que confiere una importancia particular al órgano del olfato, especialmente si se tiene en cuenta su extraordinaria sensibilidad que, aunque no sea más que para fijar las ideas, puede indicarse como 1.000 veces superior a la de los órganos del gusto.

Debido al fenómeno de la dependencia, al inicio de una degustación se pueden sacar conclusiones incorrectas. El aparato sensorial olfativo no está exactamente sintonizado y la capacidad de comprender las distintas sensaciones una detrás de otra no ha sido todavía suficientemente estimulada.

El modo de percibir las sustancias odoríferas sucede de dos maneras: por aspiración directa o por vía retronasal.

La aspiración directa es la operación de oler prolongada y repetidamente para una completa individualización de las diferentes sensaciones.

La percepción por vía retronasal se cumple cuando, eliminando el vino de la boca, se espira de modo que las sustancias volátiles lleguen al olfato por vía retronasal.

La mucosa olfativa estimulada es siempre la misma, así como es siempre atravesado el mismo estrecho orificio que solamente una pequeñísima cantidad de sustancias volátiles llega a ponerse en contacto con la mucosa.

El grado de volatilización de esas sustancias es, como hemos visto ya, diferente, mucho más fuerte en la boca, por la más favorable acción de la temperatura, de la saliva, de la agitación.

Se definen como sensaciones olfativas las que se verifican con la aspiración y gusto olfativo aquellas determinadas por la espiración. Con el olfato, tanto por aspiración, como por espiración, vienen inmediatamente controladas las siguientes impresiones generales:

Franqueza que representa una impresión en conjunto limpia, a pesar de su complejidad, sin que emerjan puntos inarmónicos o desagradables.

Finura que se saca de la delicada cualidad de la impresión recibida.

Intensidad que expresa una impresión de fuerza, de potencia olorosa y en relación a la calidad y cantidad de las sustancias volátiles que van a percibir la mucosa olfativa. Las sustancias volátiles del vino vienen a formar en la práctica tres grandes categorías olorosas, el aroma, el olor, el perfume.

El aroma

Está formado por las sustancias olorosas que provienen directamente de la uva. Es directamente reconducible a las sensaciones encontradas en la degustación de la uva de la cual el vino se ha originado. Resulta evidente que el aroma aparece con más intensidad en los vinos en los cuales la técnica de vinificación (fermentación, conservación, etc.) ha salvaguardado mayormente las características de frescura originales. En particular en los vinos naturalmente dulces como el Asti Spumante, y aquellos derivados de la uva precisamente aromática como Moscatel, Malvasía, Traminer Bachachetto, Aleatico, etc., se percibe el aroma original de la uva, con intensidad y frescura variable de vino a vino.

El olor

El olor está formado por sustancias volátiles que tienen el origen en la uva (pre-fermentación) y de sustancias que se originan como productos secundarios de la fermentación del mosto y de la refermentación del vino. En cuanto se refiere a la uva son en la práctica dos las características conferidas al vino.

La primera es la sensación de afrutado, debida al justo grado de maduración de la uva (pre-fermentación): es una sensación que recuerda a la fruta fresca, en particular a la manzana.

La segunda es la sensación de olores naturales que provienen de la uva pero que en la uva no son perceptibles como tales, por ejemplo el pimiento verde en las uvas Cabernet u otros olores en las uvas Pinot, Riesling, Chardonnay: estos olores se evidencian con la fermentación y son por tanto expresiones de las características varietales de la uva.

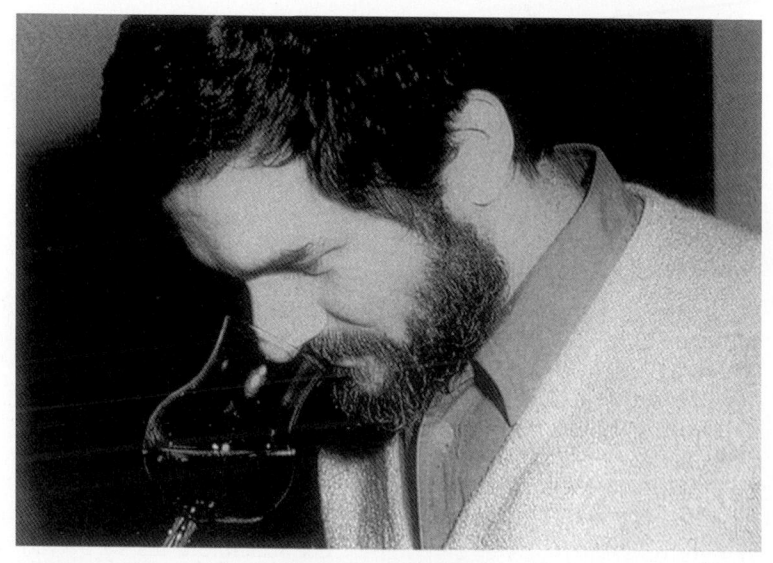

Análisis organoléptico.
La fase olfativa permite conocer el aroma, el olor y el perfume.

**Serie de vasos diseñados por Antonio Piccinardi.
Las características del vino están exaltadas por el vaso adecuado.**

De hecho estas son la vinosidad, huella dejada por la fermentación del vino apenas hecho, que permite exactamente individualizar el producto como vino y no como mosto, independientemente de la gran variedad de los tipos.

El perfume

El perfume es debido a las sustancias que se forman después del proceso fermentativo por transformación y evolución atravesando una serie de mecanismos diversos y no todos conocidos (fenómenos de esterificación de óxido-reducción, etc.): el perfume alcanza un máximo en el momento de la plena madurez del vino.

Normalmente los procesos reductivos han favorecido la influencia con los caracteres organolépticos, mientras el contrario sucede a los oxidativos, excepción hecha por determinados vinos especiales (en general de postre), que asumen a través de una oxidación profunda sus características típicas.

Las sustancias volátiles del vino son numerosísimas; de estas algún centenar han sido identificadas, pero de muchas otras no se conoce todavía su naturaleza. Los componentes principales pertenecen a las clases de los alcoholes, esteres, aldehídos, cetonas, terpenos, ácidos grasos, fenoles; en peso representan cerca del uno por mil del total pero las sustancias organolépticamente más importantes son una mínima fracción de este porcentaje.

La intervención del olfato se manifiesta en la individualización de las sensaciones debidas a las sustancias volátiles, individualización con olores típicos y señalados por los cuales se juzga la intensidad y que pueden permitir, a través de la minuciosa valorización de los matices característicos, llegar a la individualización del origen ampelográfico, geográfico y también de la edad del vino.

La descripción de las sensaciones olfativas y gusto-olfativas (como la de todas las otras) es importantísima.

Normalmente se hace referencia como ya anteriormente se ha aludido por analogía a las otras sensaciones olorosas comúnmente aceptadas conocidas por todos.

La referencia acontece por norma recurriendo a flores, fruta (fresca, desecada, seca), especies, hojas, hierbas y otras sustancias o elementos de olor bien caracterizado y que puede ser recordado con inmediatez.

Ejercicio olfativo

1. Verter una cantidad normal para la valoración, 60 cc de vino en cada una de las tres copas.
2. Cubrir cada copa con un platillo (o con un vidrio de reloj de laboratorio).
3. Quitar la tapa y oler la primera copa. Poner la tapa. Registrar las impresiones tanto del aroma como del bouquet en una ficha.
4. Hacer rotar la segunda copa con un movimiento circular, haciendo girar rápidamente el vino en la parte superior de la copa. Este movimiento cubre cada parte de la copa y «abre» el vino a las sensaciones olorosas (hasta que no se aprende la ejecución de este movimiento, es mejor practicarlo en una superficie plana, por ejemplo una mesa, un banco).
   Quitar la tapa de la copa después que ha sido puesto bajo la nariz. Se notará una cantidad de perfume superior a cuanto no fuese relevante en la primera copa.
5. Con la tapa cogida firmemente sobre la tercera copa (si no se dispone de una tapa, unir las manos en forma de copa sobre la parte superior de la copa) agitar vigorosamente la copa. Antes de quitar la tapa o la mano poner la copa bajo la nariz: además de una cantidad de perfume bastante mayor, es muy probable que resulten también evidentes olores no reconocidos anteriormente. Este es un buen método a utilizar cuando un vino no tiene una fragancia olfativa evidente, o si se está a la búsqueda de olores particulares (como SO_2 o levadura).

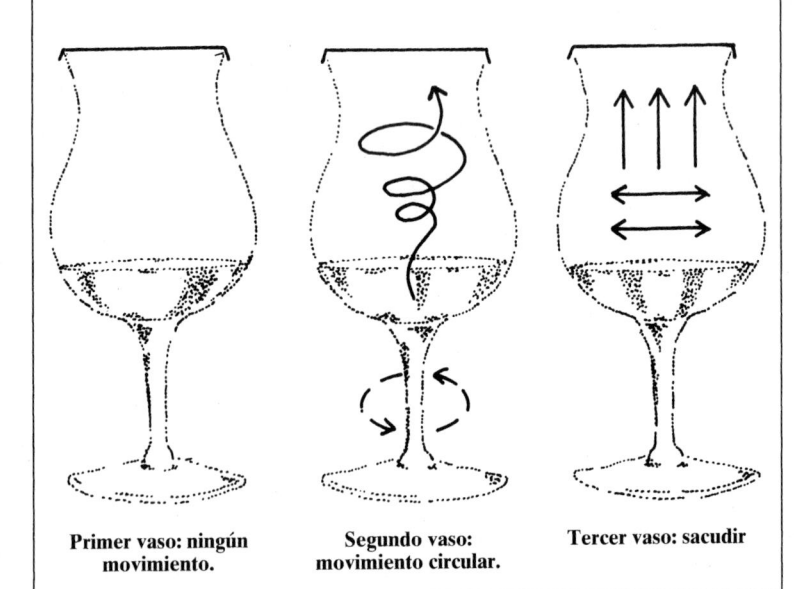

Primer vaso: ningún movimiento.

Segundo vaso: movimiento circular.

Tercer vaso: sacudir

Sensaciones gustativas

Responsables de las sensaciones gustativas son las papilas de la lengua, que son estimuladas cuando el vino está en la cavidad bucal. Cuatro son los gustos elementales perceptibles por la lengua: el dulce, el ácido, el salado y el amargo. Las velocidades de percepción y el tiempo de persistencia son muy diferentes entre uno y otro. Esto es debido a la diferente localización en la lengua de las papilas sensibles a los cuatro sabores.

El sabor dulce es percibido sólo sobre la punta de la lengua.
El sabor salado se percibe sobre todo en el borde de ella.
El sabor ácido es percibido sobre una superficie bastante extendida del borde de la lengua.
El sabor amargo se percibe en la parte posterior de la lengua.
Se pueden encontrar los cuatro sabores en el vino. Los más frecuentes son el dulce y el ácido.

La saliva tiene un papel importante en la percepción de los sabores por su acción de dilución, por sus propiedades emulsionantes y de dispersión, por la propiedad de liberar y separar por vía enzimática sustancias que en el vino están químicamente combinadas. Se atribuye un papel importante a una sustancia segregada por las células sensibles al sabor y llamada normalmente receptor específico: se trata de una sustancia que permite descubrir el tipo de estímulo y de transmitirlo.

El número de las células y su contenido en receptor específico varían con la edad y son diferentes de persona a persona. Por eso

Papilas en forma de cáliz.

Papilas en forma de hilo

Papilas en forma de hongo.

Las papilas son los órganos que perciben los gustos químicos.

sujetos diversos son diferentemente sensibles a los sabores, y la sensibilidad se modifica al envejecer (por ejemplo, los jóvenes son más sensibles al gusto dulce); desde luego la sensibilidad a los sabores disminuye con la edad.

El ácido

La sensación ácida es debida a los ácidos, sustancias que pueden ceder iones hidrógeno en solución acuosa, originando las sensaciones ácidas. Estas sensaciones no están directamente relacionadas con la concentración de hidrogeniones de la solución degustada, porque en la boca se tiene la acción diluyente y neutralizante de la saliva. Es muy importante, por eso, además de la concentración de hidrogeniones de la solución ingerida, su poder tamponante o sea el mantenimiento de equilibrio de la concentración de los iones hidrógeno, que se expresa normalmente con valoración logarítmica, o sea el pH.

En la práctica un ácido fuerte es neutralizado con más velocidad que un ácido débil.

Para las finalidades de una cata de vinos, es muy importante conocer la escala de intensidad de las sensaciones que el paladar percibe relativamente a los ácidos en la bebida. Además el pH del vino varía entre 2,8 y 3,8 (por eso es ácido) y los ácidos contenidos en él (más o menos 30 en total), que más notan las sensaciones ácidas son el ácido tartárico, málico, cítrico, láctico y sucínico.

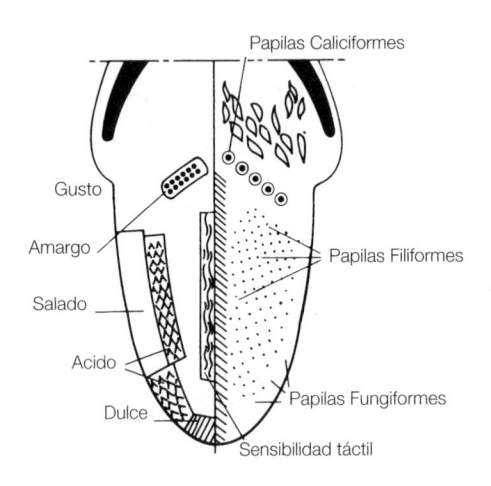

Disposición topográfica de las zonas de mayor percepción de los cuatro gustos principales sobre la lengua.

El dulce

Las sensaciones de dulce en un vino son originadas por muchas sustancias, entre las que las más importantes son los azúcares (glucosa, fructosa), el alcohol, la glicerina. En los vinos secos, o sea con menos de 2 g/l de azúcar, la glucosa y la fructosa no originan la eventual sensación de dulce, que es originada por el alcohol y la glicerina.

El poder dulcificante de cada sustancia es responsable de la sensación de dulce, y varía, por lo que concierne los azúcares, en escala decreciente con el orden siguiente: fructosa, sacarosa, glucosa, pentosas.

El amargo

Normalmente la sensación de amargo es desagradable. La percepción del amargo es muy fuerte: o sea el amargo es más fácilmente perceptible que el ácido, el salado, el dulce. La sensación amarga está caracterizada por una duradera persistencia, además de una gran diferencia de sensibilidad entre persona y persona, también por las diversas edades. En los vinos blancos, difícilmente se puede percibir el amargo (excepto los vinos procedentes de uvas o sabor moscatel o de uvas lesionadas antes del estrujado o ricas en polifenoles). En los vinos tintos, la sensación de amargo es causada por los polifenoles (especialmente taninos), la presencia de cetonas originadas por la oxidación de las antocianas y los taninos. La sensación de amargo está disfrazada por el alcohol: por eso se necesita una buena cantidad de alcohol en los vinos tintos de crianza.

El salado

La sensación de salado es originada por las sales tanto de ácidos orgánicos como de ácidos minerales: su cantidad varía mucho. El alcohol y las sustancias volátiles disfrazan casi todas las sensaciones de salado en el vino. Sólo si la cantidad de sales es superior a la normal, se percibe bien el salado.

Sensaciones táctiles

Existe una correlación entre las sensaciones táctiles y el origen de la variedad (debido a la mayor o menor riqueza en determinadas sustancias), el estado de maduración de la uva, la técnica de vinificación (por la mayor o menor extracción de partes sólidas), el eventual desarrollo de podredumbre noble (glicerina y polisacáridos). Además determinadas sensaciones táctiles pueden ser consecuencia de un estado de alteración microbiana, como es la enfermedad que se llama grasa.

Hay percepción táctil cuando el vino, en boca, transmite estímulos que tocan el tejido epidérmico central de la lengua y de la cavidad bucal. Son sensaciones muy importantes para una evaluación general del vino.

El calor

Es una sensación muy potente que primero impresiona el paladar del catador. La sustancia responsable es el alcohol, y el estímulo que se transmite depende de la acidez. Si en la proporción entre alcohol y ácidos prevalece el alcohol, tendremos una sensación de calor, si prevalece la acidez, se percibirá una sensación de frescura.

La astringencia

La astringencia es una sensación causada por la pérdida de poder lubricante de la saliva, debido a la combinación de los taninos del vino con las proteínas de la saliva.

Es claro que es muy importante la calidad del tanino. En los vinos jóvenes, normalmente, se hallan moléculas de tamaño óptimo para dar la máxima astringencia; al envejecer los taninos polimerizan alcanzando tamaños no más aptos para la combinación, con las proteínas de la saliva.

En los vinos viejos el grado de polimerización aumenta, superando el número de moléculas unidas entre sí. Por eso los vinos de crianza, también si contienen taninos, no causan la sensación de astringencia.

La rugosidad

La sensación de rugosidad percibida por la parte central de la lengua procede sobre todo de los productos de oxidación de los taninos, por eso es indicio de mala conservación del vino: es típica de los vinos tintos y siempre resulta desagradable.

Sensación picante

Procede del anhídrico carbónico contenido en el vino. El ácido carbónico además puede fortalecer la impresión de rugosidad debida al tanino. Por eso los vinos tintos (más tónicos) aguantan mal un exceso de anhídrido carbónico, sobre todo si son viejos.

Sensaciones térmicas

Las sensaciones térmicas son de dos tipos: químico y físico. Las primeras se deben a las reacciones de los receptores a determinadas sustancias como el mentol que causa la sensación de frío. Las segundas están vinculadas a las condiciones de temperatura del vino.

No es importante en sí, para la cata, pero se deben considerar las consecuencias que pueden ocasionar, puesto que pueden modificar la intensidad y el tipo de otras sensaciones*: por eso es importante conocer la temperatura del vino que se está analizando.

La sensibilidad de los órganos sensoriales es mayor e inmediata a temperaturas más altas.

---

* La sensación de dulce aumenta en proporción al aumento de la temperatura. El amargo y el salado se perciben más a temperatura baja, quizá la sensación de acidez es la única en la cual no influye la temperatura.

La persistencia

Se define persistencia a la permanencia de las sensaciones gustativas y gustativo-olfativas después de haber desaparecido el vino de la boca.

Esa permanencia es muy importante para definir la estructura y las calidades del vino que se está analizando. La persistencia es evaluada midiendo el tiempo* durante el que las sensaciones se perciben de manera uniforme y hasta que se constate una caída repentina de su percepción.

La duración de la persistencia se expresa en segundos (y en la práctica moviendo la boca en una masticación falsa, la duración de cada movimiento de los maxilares equivale a un segundo) y para los vinos tintos es «suficiente» (hasta 4 segundos), «mediana» (desde 5 hasta 9 segundos), «buena» (desde 10 hasta 15) «óptima» (más de 15), mientras que para los blancos es «suficiente» (hasta 3 segundos), «mediana» (desde 3 hasta 6), «buena» (desde 6 hasta 8), «óptima» (más de 9).

Está claro que estas evaluaciones no se pueden referir a vinos aromáticos o dulces o muy tánicos, en cuanto estas características falsean el grado de percepción. Por eso la persistencia debe ser examinada con cuidado, y su evaluación es posible sólo con una específica experiencia del catador.

---

* Persistencia aromática intensa —P.A.I.— Vedel propuso, por primera vez la medición de ella, tomando como unidad de tiempo el minuto/segundo, que llamó «caudalie».

Análisis organoléptico. La cata permite la evaluación gustativa, tactil y gustativo-olfativa.

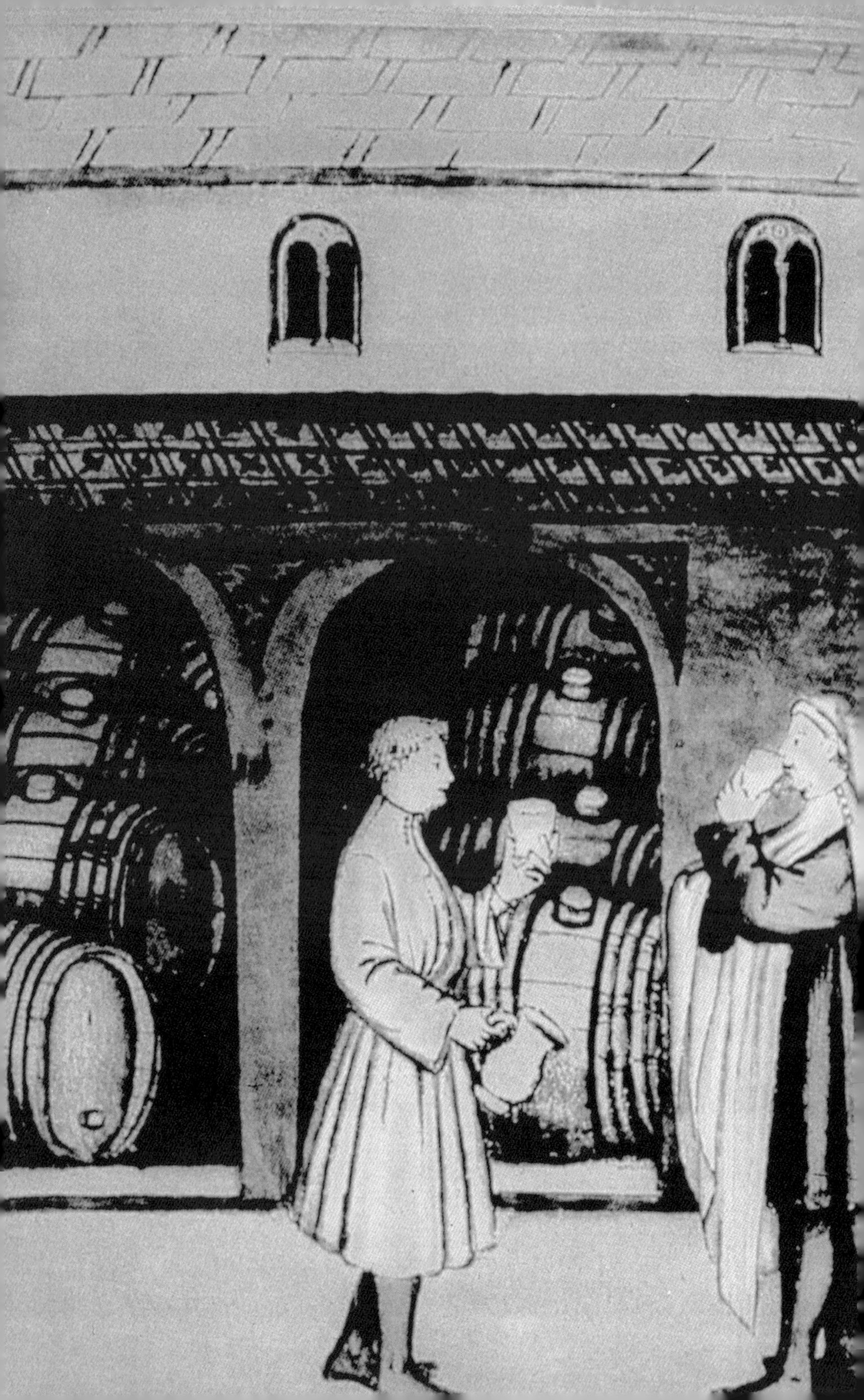

Sensaciones de equilibrio

La impresión fisiológica de equilibrio del vino procede de una justa proporción entre las sensaciones de ácido, ligero, astringente, cálido.

El conjunto de estas cuatro sensaciones, si bien equilibradas, debe conferir una impresión general que normalmente se dice «de placer», pero que en términos técnicos se expresa como grado de equilibrio, impresión fundamental para un juicio general de un vino.

De hecho, la evaluación del equilibrio de un vino, también si resulta de un complejo de factores, llega a ser un dato muy objetivo, porque estos factores están organizados en escalas.

Para los vinos blancos tenemos que considerar tres componentes: la acidez, la suavidad y la sensación de calor.

La escala de las evaluaciones empieza de la definición de apagado, basto, insípido, hasta las definiciones de equilibrio, o sea fresco, vivaz, nervioso, ácido.

Para los vinos tintos deben ser considerados: la acidez, la sauvidad, la astringencia y la sensación de calor.

Por lo que concierne la suavidad y la sensación de calor, la escala de valores empieza en ligero, untuoso pasando por equilibrado terminando en armónico y basto.

Para la acidez y la astringencia la calificación va de punzante, ácido, pasa por equilibrado y llega hasta cerrado, duro.

Sensaciones relacionadas al origen ampelográfico y geográfico

Las sensaciones que permiten determinar las características de origen ampelográfico y geográfico de un vino y por lo tanto definir su procedencia son muy importantes para el juicio de los vinos de denominación de origen.

La posibilidad de evaluar el origen procede del conjunto de todas las sensaciones visibles, olfativas, gustativas, con la participación y la coordinación de la memoria.

Se trata de recordar sensaciones similares recibidas y registradas en catas anteriores y por analogía, compararlas para poder clasificar el vino que se está analizando según su origen ampelográfico y geográfico.

Retrogusto

Después de la fase de ingestión o expulsión del vino de la boca, se puede percibir sensaciones diferentes de las gustativo-olfativas percibida y evaluadas a través de su grado de persistencia.

Esta característica del vino se llama retrogusto, puede ser positiva cuando en la práctica es la prolongación de las sensaciones generales y negativa cuando sobresale una impresión diferente, poco agradable, hasta desagradable.

Varios tipos de cata

Desde hace siglos la apreciación de los vinos es un problema que atañe a quien los produce y a quien los bebe. Siempre se ha evaluado la calidad de los vinos, con parámetros condicionados por las tendencias gastronómicas de las diferentes épocas.

Homero escribió que Polifemo se maravilló de la sensación dulce y agradablemente alcohólica del vino de Ulises; Plinio celebró el vino de Falerno oscuro, fuerte, viejo, humoso; Redi elogió el brío alegre del Moscatel de Montalcino; Cibrario el historiador alabó la estructura equilibrada del Barolo.

Pero no sólo es importante apreciar un vino según las características de moda en aquel tiempo, sino evaluar objetivamente la calidad del vino.

Todos los que estuvieron interesados en este asunto buscaron un sistema práctico de clasificación, utilizando puntuaciones y evaluando las impresiones que conciernen a la visión, al olfato, al gusto en proporción a su incidencia en el juicio final.

Numerosos expertos han hecho hipótesis y concretado sistemas de evaluación que llevan su nombre o el del ente y de las instituciones que los utilizan.

Es claro que en todos el problema principal ha sido dar una evaluación para cada impresión de la degustación.

Puede ser interesante seguir la evolución y las conclusiones desarrolladas con el paso del tiempo.

BRUNET atribuye un total de 100 puntos:	
Aspecto visual	15 puntos
Impresiones olfativas	35 puntos
Impresiones gustativas	50 puntos

GOT propuso estos coeficientes:	
Aspecto y color	2 puntos
Impresiones olfativas	3 puntos
Impresiones gustativas	4 puntos
Ausencia de defectos	1 punto

La estación federal de experimentación vitícola de Losanna ha adoptado esta tabla:		
Aspecto	hasta	5 puntos
Olfato	»	5 puntos
Gusto: armonía	»	5 puntos
cuerpo	»	5 puntos
franqueza	»	5 puntos
finura	»	5 puntos
		para un total de 30 puntos

La comisión alimentaria de la URSS ha establecido estos coeficientes: Limpidez　　　　　　desde　1　hasta　5 Color　　　　　　　　»　　1　　»　　5 Impresiones olfativas　　»　　6　　»　　30 Impresiones gustativas　»　　10　　»　　50 Correspondencia con el Tipo　　　　　　　　　»　　2　　»　　10 　　　　　　　　　　　　para un total de 100 puntos

Uno de los métodos de evaluación más utilizados se debe a W. BUXBAUM que dio estos parámetros: desde 0 hasta 2 puntos atribuidos al color desde 0 hasta 2 puntos atribuidos a la limpidez desde 0 hasta 4 puntos atribuidos al aroma desde 0 hasta 12 puntos atribuidos al gusto 　　　　　　　para un total de 20 puntos

El Departamento de Viticultura y Enología ha estudiado la DAVIS SCORE CARD (modificada por Amerine y Rossler); que según las últimas modificaciones da: Aspecto　　　　　　　　4 puntos Olfato　　　　　　　　　6 puntos Gusto　　　　　　　　　8 puntos Caracteres Generales　　 2 puntos 　　para un total de 20 puntos

Si hay ligeros defectos se dan valores negativos desde 0 hasta 2 puntos y a los acentuados desde 0 hasta 8 puntos, así que en total hay 10 puntos a restar a los definidos anteriormente.

El autor dice que se debe hacer una resta de puntos de demérito para los vinos que serían buenos, si no estuvieran afectados por algún defecto que disminuye su valor.

Es lo que pasa en vinos con excesivo anhídrido sulfuroso, por ejemplo, o si son velados o desvaídos por excesiva aireación.

En Francia, el método de VEDEL, adoptado por el I.N.A.O. se basa sobre cuatro fases de examen, que son: — la fase visual, que considera la limpidez (para los espumosos, se evalúa también la espuma); — la fase olfativa, que considera la intensidad y calidad de las sensaciones; — la fase gustativa, que considera la calidad y la intensidad de las sensaciones; — la fase general que considera la armonía de la impresión total.

Cada fase tiene coeficientes de penalización, que por las fases olfativa y gustativa atañen a la intensidad y a la calidad. El método

Vedel quiere subrayar los aspectos negativos y por eso una puntuación alta corresponderá a un vino de mala calidad.

Se dan cinco evaluaciones: *excelente, muy bueno, bueno, aceptable, eliminado,* que corresponden respectivamente a puntuaciones de 0, 1, 4 y 9 (no se atribuye ninguna puntuación al vino eliminado).

La evaluación total se obtiene multiplicando cada puntuación por el coeficiente correspondiente a las varias fases y sumando los productos obtenidos. Como ya hemos dicho las fases olfativa y gustativa tienen dos coeficientes diferentes por la intensidad y la calidad.

Como ejemplo mostremos las fichas Vedel.

Caracteres	Coeficiente	Excelente valor = 0	Muy bueno valor = 1	Bueno valor = 4	Aceptable valor = 9	Eliminado	Puntos de penalización
Fase Visual: limpidez	1						
Olfativa: a) Intensidad	1						
b) Calidad	2						
Gustativa: a) Intensidad							
b) Calidad	3						
Armonía:	3						
		Evaluación negativa					

FICHA DE DEGUSTACION PARA CONCURSOS INTERNACIONALES* VEDEL

Hoja de degustación de tipo A: vinos normales de aguja y espumosos

N. 1 Copia para el catador

N.º de orden de la muestra

N.º de referencia

CLASSE* | * | * * | * * * |

En su caso, el número de persistencia   (tal número ...., ..., la persistencia aromática)

En su caso, el año

	Excelente Extremadamente fuerte	Muy bien, Muy bueno Muy fuerte	Bien, Bueno fuerte	Discreto Aceptable	Eliminado	OBSERVACIONES	
						De comunicar a la Secretaría (eventualmente)	Personales
VISTA limpieza							
OLFATO intensidad							
calidad							
GUSTO intensidad							
calidad							
ARMONIA							

N. del comité

N. del catador

Firma del catador

* La clase se establece antes, para que un comité cate sólo vinos de la misma clase.

(Método VEDEL) = FICHA DE DEGUSTACION PARA CONCURSOS INTERNACIONALES

Hoja de degustación de tipo A: vinos normales de aguja y espumosos

N. 2 Copia para la secretaría

N.º de orden de la muestra

N.º de referencia

CLASSE [*] [* *] [* * *]

En su caso, el número de persistencia

En su caso, el año

	0	1	4	9	8	OBSERVACIONES DEL CATADOR
VISTA limpieza						
OLFATO intensidad						
calidad						
GUSTO intensidad						
calidad						
ARMONIA						

N. del comité

N. del catador

Firma del catador

Cálculos de realizarse bajo la dirección de la secretaría

Puntuación de la columna señalada con la cruz	Coeficiente de multiplicación	Resultados de la multiplicación
	X1	
	X1	
	X2	
	X2	
	X3	
	X3	
	TOTAL	

Perfeccionando las investigaciones sobre las potencialidades sensoriales humanas, sobre las características de los varios perfumes y la complejidad de la estructura organoléptica de los vinos, se han perfeccionado también los métodos de evaluación.

BLAHAT, OSERDAT, CRUESS han considerado nuevos parámetros relacionados con las varias sensaciones perceptibles, por ejemplo, los que conciernen a las características de la variedad.

Además han considerado las influencias organolépticas procedentes de la acidez total, la acidez volátil, del cuerpo y de la astringencia, dejando un juicio en particular para las calidades globales.

AMERINE perfeccionó y publicó el método siguiente:	
Aspecto	10 puntos
Color	10 puntos
Bouquet	15 puntos
Acidez volátil	10 puntos
Sabor	15 puntos
Acidez total	8 puntos
Sensación de dulce	8 puntos
Cuerpo	6 puntos
Astringencia	10 puntos
Calidades globales	8 puntos
	para un total de 100 puntos

Por lo que concierne a la acidez total, se debe observar que no existe ninguna correlación entre la sensación de acidez percibida por las papilas gustativas y la acidez total de un vino. Como ya hemos dicho antes, la sensación de acidez está relacionada con el pH y con el poder tamponante: se sigue hablando de acidez total porque no se conocen bien los equilibrios de salificación en el vino.

MENSIO, presidente del O.N.A.V. (n.d.t. Organización Nacional de Catadores de Vinos) aconsejó de nuevo el método BUXBAUM que consideraba, justamente, muy sencillo y eficaz.

Lo publicamos de la misma forma que ha sido adoptada por Mensio.

Ficha BUXBAUM para los vinos blancos

Juicio del vino según:	Puntos de mérito	Puntos de demérito
1. Color* en total	0-2	1
Blanco (papel)	—	—
Verdoso con reflejos pajizos	2	—
Amarillo claro	1	—
Amarillo ámbar	0-1	—
Amarillo pardo	—	1
2. Limpidez en total	0-2	1
Velado	—	1
Limpio	1	—
Cristalino	2	—
3. Olores (aromas y perfume)	0-4	0-2
Defectuoso	—	1-2
Agradable	1-2	—
Delicado, fino característico	3-4	—
4. Sabor en total	0-12	0-6
Defectuoso	—	1-6
Sano, agradable	1-3	—
Sabroso, ameno		
Armónico, afrutado	4-6	—
Distinto, característico	7-12	—
En total	20	10

* En esta ficha se consideran vinos blancos de mesa, vinos para acompañamiento, de pescados y los espumosos, pero no los vinos licorosos, de postre, que deben ser juzgados por lo que concierne al color, según las características de los mejores vinos típicos de las regiones que lo producen

No se consideran los vinos turbios, sin duda excluidos.
Podrán parecer exiguos los dos puntos de demérito para los olores defectuosos, que pero tienen unas consecuencias también sobre el sabor. Por eso, el autor considera que los 6 puntos de demérito del sabor permiten un juicio justo.

Ficha BUXBAUM para los vinos rosados

Juicio del vino según:	Puntos de mérito	Puntos de demérito
1. Limpidez en total	0-2	0-1
Velado	—	1
Limpio	1	—
Brillante	2	—
2. Color en total	0-2	1
Rosado claro	—	—
Rosado	1-2	—
Rosado oscuro	—	1
Rosado ladrillo	—	1
3. Olor (aromas y perfumes en total)	0-4	0-2
Defectuoso	—	1-2
Agradable, vinoso	1-2	—
Fino, caracerístico	3-4	—
4. Sabor en total	0-12	0-6
Defectuoso	—	1-6
Franco, sano	1-3	—
Armónico, sabroso	4-6	—
Armónico, generoso	7-9	—
Armónico, generoso, fino, característico	10-12	—

No se han considerado los vinos turbios, sin duda excluidos.

Esta tabla que no aparece en el manual de Mensio, ha sido publicada por la ONAV y la Asociación de Enotécnicos Italianos y es diferente de la tabla de vinos tintos sólo por la evaluación del color.

Ficha BUXBAUM para los vinos tintos

Juicio del vino según:	Puntos de mérito	Puntos de demérito
1. Color en total Rojo claro Rojo rubí Rojo intenso, vivo Rojo pardo Rojo ladrillo de vinos viejos secos	0-2 — 1-2 2 — 1-2	1 — — — 1 —
2. Limpidez, en total Velado Sin vivacidad Limpio Brillante	0-2 — — 1 2	1 1 — — —
3. Olores (aromas y perfumes) en total Defectuoso Agradable, vinoso Fino, característico	0-4 — 1-2 3-4	0-2 1-2 — —
4. Sabor en total Defectuoso Franco, sano Armónico, sabroso Armónico, generoso Armónico, generoso, fino, característico En total	0-12 — 1-3 4-6 7-9 10-12 20	0-6 1-6 — — — — 10
Para los vinos aromáticos blancos, rosados o tintos, el aumento de los puntos de mérito por los olores sube desde 0-4 hasta 0-6; la consiguiente disminución por el sabor está desde 0-12 hasta 0-10.		

FICHE D'ANALYSE SENSORIELLE O.I.V./U.I.OE
TASTING EVALUATION SHEET
FICHA DE ANÁLISIS SENSORIAL

21. JUL 2000

		N° DU DÉGUSTATEUR N° OF THE TASTER N° DE DEGUSTADOR	
		SERIE	ECHANTILLON SAMPLE
		N° DE JURY COMMISSION N° N° DE JURADO	
		Signature du dégustateur: Judge Signature: Firma del degustador:	
		Signature du Président: President signature: Firma del President:	

VIN TRANQUILLE / STILL WINES / VINOS TRANQUILOS

		EXCELLENT / EXCELENTE	TRÈS BON / VERY GOOD / MUY BUENO	BON / GOOD / BUENO	SATISFAISANT / FAIR / REGULAR	INSUFFISANT / UNSATISFACTORY / INSUFICIENTE	REMARQUES / REMARKS / OBSERVACIONES
VUE / VISUAL / VISTA	LIMPIDITÉ/LIMPIDITY/LIMPIDEZ	☐ 5	☐ 4	☐ 3	☐ 2	☐ 1	
	COULEUR/COLOUR/COLOR	☐ 10	☐ 8	☐ 6	☐ 4	☐ 2	
ODORAT / NOSE / OLFATO	INTENSITÉ/INTENSITY/INTENSIDAD	☐ 8	☐ 7	☐ 6	☐ 4	☐ 2	
	FRANCHISE/GENUINENESS/FRANQUEZA	☐ 6	☐ 5	☐ 4	☐ 3	☐ 2	
	QUALITÉ/QUALITY/CALIDAD	☐ 16	☐ 14	☐ 12	☐ 10	☐ 8	
GOÛT / TASTE / GUSTO	INTENSITÉ/INTENSITY/INTENSIDAD	☐ 8	☐ 7	☐ 6	☐ 4	☐ 2	
	FRANCHISE/GENUINENESS/FRANQUEZA	☐ 6	☐ 5	☐ 4	☐ 3	☐ 2	
	QUALITÉ/QUALITY/CALIDAD	☐ 22	☐ 19	☐ 16	☐ 13	☐ 10	
	PERSISTANCE/PERSISTENCE/PERSISTENCIA	☐ 8	☐ 7	☐ 6	☐ 5	☐ 4	
	JUGEMENT GLOBAL/OVERALL JUGEMENT APRECIACION GLOBAL	☐ 11	☐ 10	☐ 9	☐ 8	☐ 7	
	ELIMINÉ DISQUALIFIED						TOTAL

Ficha para el examen organoléptico de los vinos método O.N.A.V.

Manifestación ....
....

Fecha .... Humedad relativa .... %	Muestra n.º ....
Ambiente .... °C hora	Denominación del vino ....
Vino .... °C	

Comite n.º	Catador	
		Añada ....

Elementos de evaluación			Juicio					Coeficiente Evaluación	Puntuación parcial
			Excelente	Bueno	Medio	Mediocre	De mala calidad		
			4	3	2	1	0		
Aspecto	Limpidez							x 2	
	Color							x 2	
Bouquet	Finura							x 2	
	Intensidad							x 2	
	Franqueza							x 2	
Sabor	Cuerpo							x 2	
	Armonía							x 2	
	Intensidad							x 2	
Sensación final gustativo-olfativa								x 3	
Caracteres de tipicidad								x 3	
Impresiones generales								x 3	

PUNTUACION TOTAL ▶

Observaciones

Firma

Para terminar la serie de fichas italianas, publicamos las últimas dos propuestas por la UIO para la evaluación de vinos tranquilos y espumosos en los concursos.

Las fichas han sido estudiadas para poderlas utilizar en manifestaciones y concursos obedeciendo a las circulares ministeriales y la normativa que ordenan esta materia.

Cada evaluación tiene que considerar las características específicas del producto examinado establecidas por las reglamentaciones de producción (D.O.C., Denominación de Origen Controlada y D.O.C.G., Denominación de Origen Controlada y Garantizada) o las características típicas de la Región y de la variedad de cepa (vinos de mesa - vino de mesa con indicación geográfica) o la calidad absoluta.

Estas fichas tienen tres importantes innovaciones:

1) No se considera la evaluación de la «tipicidad».

Esto pasa porque un vino puede ser juzgado de dos únicas maneras:

   a) En valor absoluto: o sea cuando está mostrando sin ninguna denominación, indicación, categoría.

   b) El valor relativo: cuando el vino se presenta con denominación de origen o indicación geográfica. En este caso se da una puntuación parcial en las distintas fases de degustación en relación con la tipicidad.

2) Las sensaciones gustativas son evaluadas como gusto, gusto-olfato.

3) La evaluación del producto puede también explicar la motivación técnica de los eventuales defectos, señalando las probables causas y, si es posible, la naturaleza de los fenómenos que los originaron.

La ficha otorga 100 puntos de la siguiente forma:
   20%   a la vista
   32%   al olfato
   48%   al gusto/gusto-olfato

La votación se hace señalando la casilla correspondiente al juicio numérico de cada evaluación parcial.

Lamberto Paronetto es el Autor de esta página sacada del libro «El gusto del vino».

Ficha para el análisis sensorial de los vinos en los concursos

Vinos tranquilos

Manifestación						
Comité n.	Muestra n.	Añada	Denominación del vino		Categoría de presentación	
día hora	examen				V.Q.P.R.D. D.O.C.G. ☐ D.O.C. ☐	Vino de mesa con indicación geográfica ☐ Vino de mesa ☐

		Excelente	Óptimo	Bueno	Suficiente	Insuficiente	Mediocre	Negativo	No corresp.	Exceso	Carencia	Desequilibrio	Denominación del vino	Naturaleza de los defectos
VISTA	Fluidez	4	3	2,5	2	1,5	1	0	■		■			biológica ☐
	Limpidez	8	7	6	4	2	1	0	■		■			
	Color Tonalidad	4	3	2,5	2	1,5	1	0	■	■	■			químico físico ☐
	Intensidad	4	3	2,5	2	1,5	1	0	■		■			
OLFATO	Franqueza	8	7	6	5	4	2	0	■		■	■		
	Intensidad	8	7	6	5	4	2	0	■		■			accidental ☐
	Finura	8	7	6	5	4	2	0	■		■	■		
	Armonía	8	7	6	5	4	2	0	■		■			congénito ☐
GUSTO	Franqueza	8	7	6	5	4	2	0	■	■	■			
	Intensidad	8	7	6	5	4	2	0	■		■			
GUSTO OLFATO	Cuerpo	8	7	6	5	4	2	0	■		■	■		
	Armonía	8	7	6	5	4	2	0	■		■			
	Persistencia	8	7	6	5	4	2	0	■		■	■		
	Sensación final	8	7	6	5	4	2	0			■	■		

TOTAL parcial	decenas												TOTAL	
	unidades							■						
	decimales						■							

Observaciones

Catador/es

Firma/s

UIO

Ficha para el análisis sensorial de los vinos en los concursos

Vinos espumosos y de aguja

Manifestación

Comité n.	Muestra n.	Añada	Denominación del vino	Categoría de presentación
día	hora			

Categoría de presentación:
- V.Q.P.R.D. - V.Q.P.R.D.
  - D.O.C.G. ☐
  - D.O.C. ☐
- V.S.Q. ☐
- V.S. ☐ Vino de aguja ☐
- Clásico ☐
- En autoclave ☐

examen

		Excelente	Óptimo	Bueno	Suficiente	Insuficiente	Mediocre	Negativo	No corresp.	Exceso	Carencia	Desequilibrio	Naturaleza de los defectos
VISTA	Espuma	4	3,5	3	2,5	2	1	0				■	biológica ☐
	Limpidez	7	6	5,5	5	4	2	0	■			■	
	Burbuja Tamaño	4	3,5	3	2,5	2	1	0	■			■	
	Persistencia	7	6	5,5	5	4	2	0		■		■	químico físico ☐
	Color Tonalidad	4	3,5	3	2,5	2	1	0				■	
	Intensidad	4	3,5	5	2,5	2	1	0				■	
OLFATO	Franqueza	7	6	5	4	3	2	0	■			■	accidental ☐
	Intensidad	7	6	5	4	3	2	0				■	
	Finura	7	6	5	4	3	2	0		■		■	
	Armonia	7	6	5	4	3	2	0	■			■	congénito ☐
GUSTO	Franqueza	7	6	5	4	3	2	0	■			■	
	Intensidad	7	6	5	4	3	2	0	■			■	
GUSTO	Cuerpo	7	6	5	4	3	2	0		■		■	
OLFATO	Armonia	7	6	5	4	3	2	0	■			■	
	Persistencia	7	6	5	4	3	2	0	■			■	
	Sensación final	7	6	5	4	3	2	0	■			■	

Observaciones

TOTAL parcial
- decenas
- unidades
- decimales

TOTAL

Catador/es

Firma/s

UIO

El análisis sensorial

El análisis sensorial es el conjunto de técnicas y métodos que permiten medir, a través de los órganos de sentido, cuanto se percibe de cualquier producto o servicio. Dichas así las cosas, el término análisis sensorial parecería casi sinónimo de cata y degustación. En realidad, aun presentando muchas semejanzas, existen sustanciales diferencias: en la disciplina en cuestión, se tienen en cuenta con particular atención todos los aspectos que llevan a tener medidas repetibles (coincidentes cuando se repiten con el mismo instrumento) y reproducibles (coincidentes utilizando el mismo método pero cambiando el instrumento, en este caso el grupo de evaluadores).

Por otra parte, una decena de normas ISO reglamentan la selección y la formación de los catadores, el número de jueces que componen el grupo (panel), el comportamiento del responsable de la comisión (líder del panel), las condiciones ambientales en las que se debe realizar la prueba y la metodología estadística que hay que emplear para llegar a la síntesis de los resultados y a su validación.

En el campo del vino, caracterizado por una fuerte escuela histórica sobre la cata y por una plétora de ámbitos en los que se realizan evaluaciones (concursos, idoneidades fiscales, crítica, degustaciones de aficionados, etc.), el análisis sensorial ha tenido un acceso retardado respecto a otros sectores alimentarios.

Un fabricante de productos comestibles, que pone a punto un nuevo producto y lo lanza al mercado gastando miles de millones en publicidad, no puede permitirse equivocarse. Por tanto lo somete de forma pragmática a prueba ante el consumidor para comprobar su aceptabilidad, y lo describe a través del análisis sensorial de laboratorio para poder tener una carta de identidad capaz de poner en evidencia toda variación que se produzca al cambiar la materia prima, la tecnología de producción o, sencillamente, en el intervalo que transcurre entre la producción y el consumo.

En enología, la óptica es sustancialmente diferente: no solo las tipologías y los objetivos de referencia están tan fragmentados que hacen demasiado onerosas determinadas técnicas, sino que la poesía que invade al sector, la atención a la maestría del enólogo y la misma variación de la materia prima en cada estación, han creado un sector poco apto al análisis sensorial.

No obstante, en los últimos años la situación ha registrado un profundo cambio: el incremento de las ventas a través del canal de la distribución moderna con la consiguiente exigencia de proporcionar la prueba del nivel de calidad y de la constancia del suministro, la confrontación cada vez más abierta en los mercados internacionales y la necesidad de caracterizar científicamente los vinos, tanto para elevar su nivel de protección (certificación) como para implementar una idónea innovación tecnológica, han llevado de hecho a un desarrollo exponencial del análisis sensorial en el sector enológico.

El fenómeno, actualmente en fuerte expansión, ha sido posible sobre todo por el hecho de que los enólogos han comenzado a ocuparse de esta disciplina, y aprovechándose de la histórica escuela de degustación han introducido métodos innovadores de evaluación.

Así, pues, omitiremos tratar de las pruebas cualitativas (comparación de pareja, dúo-trío, triangular, etc.), que se describen en la primera parte de esta obra, y de las cualitativas cuantitativas (la más conocida en el vino es sin duda la prueba de Friedman), porque la información es escasa aunque rigurosa. Por tanto hablaremos, aunque sea sucintamente, de las pruebas innovadoras.

La identificación de los modelos de calidad

Si un productor de alimentos puede variar a su gusto las características sensoriales para tener un nivel más alto de satisfacción del consumidor o un menor coste de las materias primas, el viticultor tiene sin duda menores márgenes de maniobra. La codificación normativa de los vinos a través de las normas disciplinares de producción por una parte, y la intervención de la naturaleza por otra, establecen unos vínculos a los cuales no es fácil sustraerse. No sólo esto: la defensa de la imagen de un vino pasa también por las características sensoriales que constituyen su elemento de unión con la historia y la tradición. ¿Qué efecto podría surtir un Barolo blanco en un mundo incapaz de apetecer los vinos tintos?.

No pudiendo introducir modificaciones sustanciales, sino debiendo buscar de cualquier modo una mayor satisfacción de los consumidores, para mejorar el nivel de precio y/o los volúmenes de venta el recorrido del análisis sensorial cambia algo con respecto a las pruebas tradicionales. El objetivo es doble: identificar, en el ámbito de una zona consagrada por una tipicidad reglamentada, los modelos de calidad (o sea los vinos mayormente preferidos por el consumidor) y, dentro de una población, los grupos de referencia.

Para el primer objetivo se parte del supuesto de que, dentro de la misma tipología, en el ámbito de una determinada denominación, los vinos no son todos iguales, sino que presentan variaciones del perfil sensorial más o menos evidentes (figura 1). Lo ideal es identificar los mejores para después intentar hacer iguales todos los demás. Existen dos problemas. Primero: en este género de operaciones, la opinión de los técnicos no es fiable, ya que no son representantes de una población que no obstante no consume mucho vino. Segundo: si hiciésemos un único vino, aunque excelente, la zona perdería mucho interés a los ojos del consumidor, ya que se vería privado de aquella gratificación que se deriva del descubrimiento de nuevas emociones y del eterno juego de las comparaciones.

Evolución de las diversas percepciones en los vinos tintos

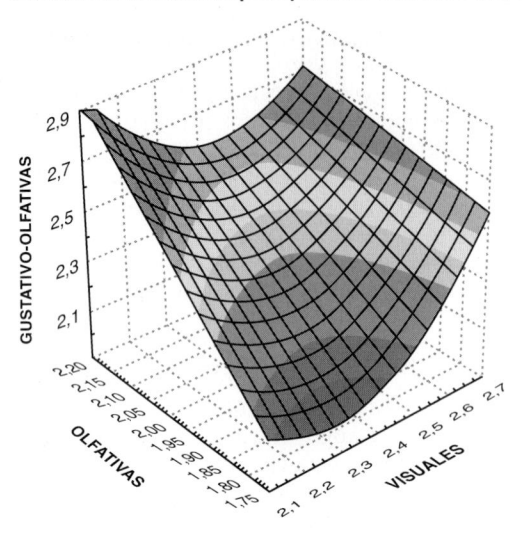

Figura 1
Casi 1.300 pruebas sobre el consumidor realizadas con los vinos tintos de una provincia han puesto de manifiesto una sensible diversidad entre los productos examinados. El análisis proporcionará a la dirección del mundo enológico indicaciones concretas sobre las tipologías de vino que es mejor producir y sobre las innovaciones tecnológicas que hay que realizar.

El segundo objetivo no es más fácil de alcanzar, pero no es menos importante: identificar grupos homogéneos de consumidores para descubrir a los que les gustan más ciertos vinos que otros. El supuesto fundamental para tal búsqueda es el incontestable individualismo que caracteriza al consumidor moderno de las economías avanzadas. Para un producto como el vino, esto representa una inmensa oportunidad todavía muy poco aprovechada. El consumismo –así se llama a la actitud del usuario final cada vez más deseoso de hacer elecciones individuales y conscientes– no obliga ya a la empresa a modificaciones radicales, sino que le induce a la búsqueda del consumidor que quiere verdaderamente su vino.

Las modernas pruebas sobre el consumidor

La metodología puesta a punto para dar una respuesta a las cuestiones indicadas se expresa en un recorrido relativamente fácil:
• planificación de las pruebas en ámbitos en los que esté presente una muestra lo más representativa posible de la población;

- preparación de fichas de evaluación que prevean la descripción del juez casual (edad, sexo, procedencia, posición social, nivel de cultura, etc.) y de sus hábitos de consumo (frecuencia, lugar, ocasión, motivos de elección, etc.), y que permitan el registro de la evaluación de una serie de vinos a través de una prueba muy sencilla articulada en las tres fases (juicio visual, olfativo y gustativo-olfativo);
- recogida de las fichas, introducción de los datos y elaboración de los resultados con emisión del informe final.

Pruebas de este tipo se realizan en los supermercados, durante manifestaciones de ferias (donde funcionan perfectamente también bajo el perfil promocional) o en adecuados bancos de cata, organizados por los organismos que se ocupan de la promoción y de la protección de los vinos.

El informe final proviene de una elaboración de los datos realizada con técnicas estadísticas descriptivas e inferibles, univariadas y multivariadas, que permiten evaluar:
- el perfil social y demográfico de los participantes en la prueba;
- los hábitos de consumo del panel, aunque desagregados para las diferentes figuras de las que está compuesto el resultado;
- la clasificación general de los vinos en base a la preferencia;
- la clasificación desagregada (figura 2) por segmento de consumo (hombres, mujeres, grande bebedores, disponibilidad financiera, nivel cultural, etc.);

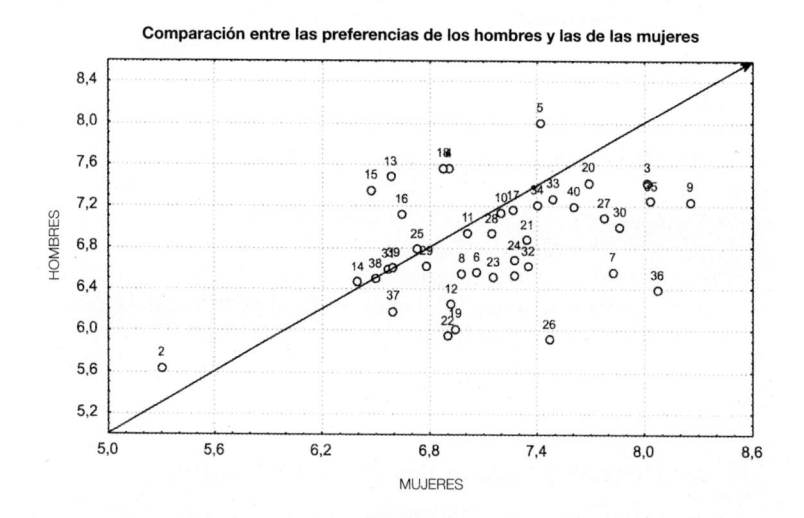

Figura 2
¿Qué vino, dentro de las 40 muestras testadas para esta circunscripción enológica, hay que promover para el consumidor femenino? El número 36 es seguramente uno de los candidatos, pero, como demuestra esta prueba, la diferencia en las preferencias entre hombre y mujeres se va reduciendo cada vez más.

- la correlación de los datos con parámetros químicos o indicadores sensoriales obtenidos en laboratorio con jueces expertos.

La descripción de los modelos de calidad

Aunque muy interesantes, los resultados de una prueba sobre el consumidor son relativamente estériles si no hay posibilidad de comprender lo que genera la preferencia y, por consiguiente, las medidas a adoptar bajo el perfil de la innovación tecnológica para mejorar el vino. Las muestras testadas son, por tanto, sometidas a una posterior prueba de análisis sensorial, realizada en laboratorio con jueces expertos, que permite:

- determinar los parámetros capaces de describirlos adecuadamente (prueba descriptiva semántica, figura 3);
- medir de forma objetiva –en cuanto repetible y reproducible– el valor de cada descriptor cuantitativo (se llama así a los parámetros no sujetos a la preferencia individual, como la intensidad del aroma o de una particular tonalidad aromática, el amargo, el dulce, etc.). El conjunto de las medidas obtenidas constituye el perfil descriptivo cuantitativo (figura 4);
- medir de forma objetiva –en cuanto repetible– el valor de cada descriptor cualitativo (se llama así a los parámetros de tipo hedonista, como la finura, franqueza, riqueza, elegancia, etc.). El conjunto de las medidas obtenidas constituye el perfil descriptivo cualitativo (figura 5);

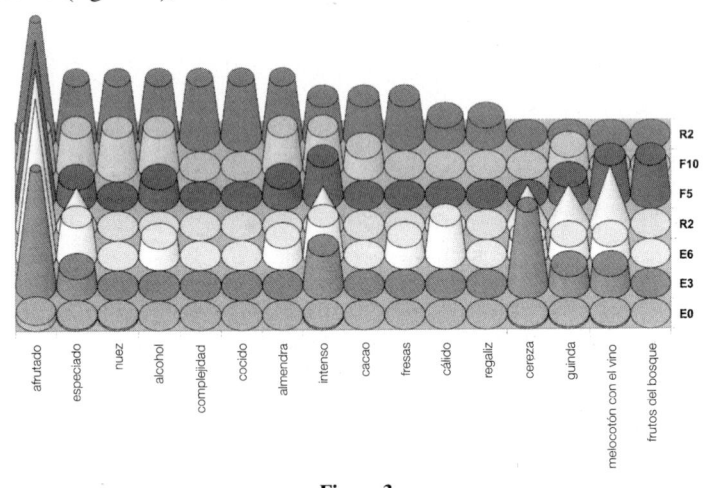

Figura 3
He aquí los resultados de la prueba descriptiva semántica de la fase retrolfativa de una serie de vinos tintos procedentes de una investigación para introducir una innovación tecnológica importante en la empresa a través del uso de enzimas y nuevas levaduras.

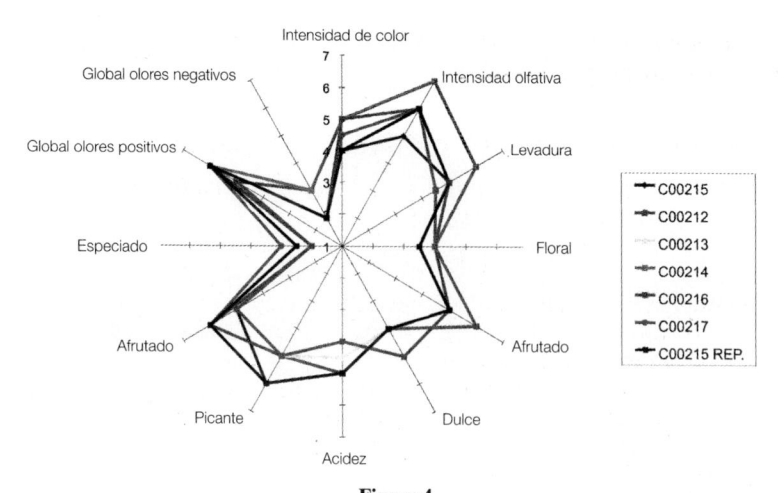

Figura 4
Perfil descriptivo cuantitativo de una serie de vinos espumosos obtenidos con el método tradicional.

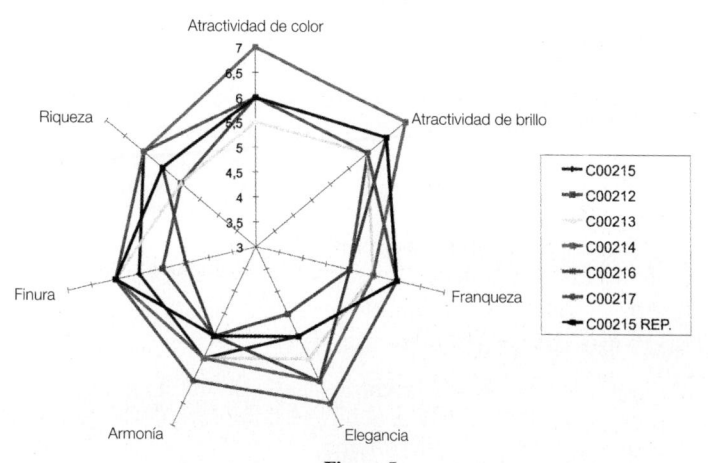

Figura 5
Perfil descriptivo cualitativo de una serie de espumosos producidos con el método clásico.

- obtener la ordenación de las muestras en base a la preferencia estimada por el panel de laboratorio: tratándose de expertos, puede que no coincida con la del consumidor, pero por supuesto es capaz de ofrecer una preciosa información sobre la validez técnica de los vinos examinados (figura 6);

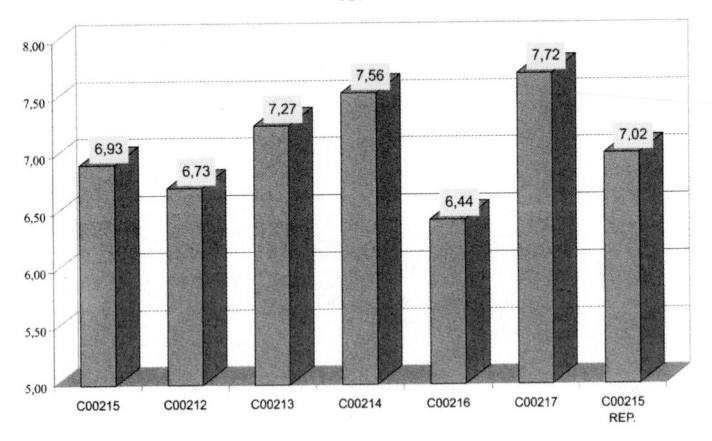

Figura 6
Prueba de ordenación en base a la preferencia estimada por el panel. Obsérvese la perfecta relación entre la muestra y su réplica y la sustancial diferencia del valor hedonista establecido por el panel dentro de los vinos de la misma tipología.

- determinar –a través de la correlación lineal del índice de preferencia estimado por el panel y del establecido por el consumidor con los valores de los descriptores cualitativos– qué es lo que en un vino genera su calidad hedonista y qué es lo que la disminuye. Por ejemplo, a través de un análisis del historial creado con esta técnica, se desprende que la característica amarga está siempre correlacionada negativamente, mientras que la dulce, la ácida y la astringencia tienen comportamientos variables en función de su intensidad y de las otras características sensoriales (figura 7).

El sistema de análisis sensorial

Sea interior o exterior a la empresa, el sistema de análisis sensorial capaz de realizar estas pruebas se compone de los cinco elementos que se indican seguidamente.

Líder del panel

Es un verdadero director de orquesta: selecciona, adiestra y motiva a los jueces, realiza los planes experimentales, organiza las pruebas, establece los planes de cata, elabora los datos, interpreta los resultados y emite los informes. Su función le impone una amplia gama de conocimientos (psicofisiología, estadística, estudio de los productos comerciales) y no menores características de profesionalidad: liderazgo, competencia, intuición, empatía y profesio-

RELACIONES FUNCIONALES

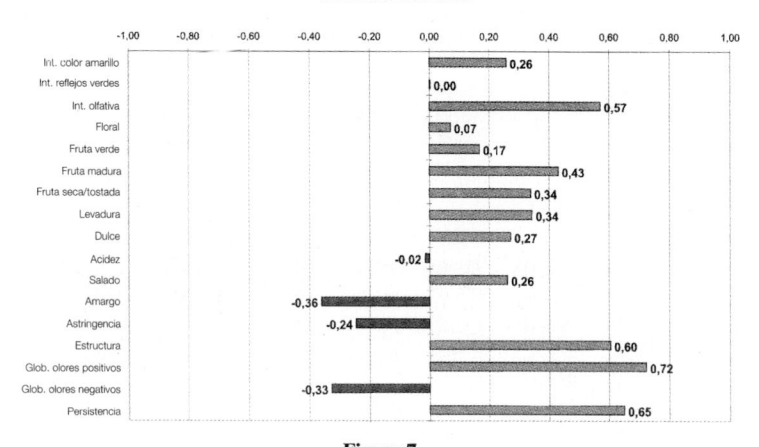

Descriptor	Valor
Int. color amarillo	0,26
Int. reflejos verdes	0,00
Int. olfativa	0,57
Floral	0,07
Fruta verde	0,17
Fruta madura	0,43
Fruta seca/tostada	0,34
Levadura	0,34
Dulce	0,27
Acidez	-0,02
Salado	0,26
Amargo	-0,36
Astringencia	-0,24
Estructura	0,60
Glob. olores positivos	0,72
Glob. olores negativos	-0,33
Persistencia	0,65

Figura 7
El análisis de correlación entre los valores de los descriptores cuantitativos y el índice de preferencia estimado por el panel indica con claridad los factores que determinan el nivel de calidad hedonista del vino. La misma operación se puede realizar utilizando el índice de preferencia manifestado por el consumidor. En este caso, las indicaciones son mucho más dignas de consideración. Del gráfico se desprende que en los espumosos el amargo y la astringencia, además naturalmente de los olores negativos, son los principales enemigos de la calidad.

nalidad. Por otra parte, el instrumento que emplea se puede contar sin duda entre los más refinados, así como entre los más constantes: el ser humano.

Panel

Es el grupo de personas reunidas (aunque no al mismo tiempo) para proporcionar una serie de medidas. Se habla también de panel en el caso de que se utilicen simples consumidores inexpertos, pero cuando se trata de análisis de laboratorio las cosas son sustancialmente distintas. El número de los componentes desciende y paralelamente debe aumentar su preparación. De algunos centenares de personas que se utilizan en las pruebas sobre los consumidores, se desciende a 8-12 jueces, y en algún caso a 5, límite que casi nunca se ha de traspasar. En la prueba con alta utilidad informativa (como la citada), los jueces deben ser expertos de probada fiabilidad: tienen sin duda los sentidos requeridos plenamente eficientes (vista, olfato, tacto y gusto), conocen los productos que se analizan, saben utilizar las escalas de medida y tienen una buena preparación en psicofisiología.

Métodos de elaboración de los datos

Sustancialmente permiten tres cosas: llegar a diversas síntesis de todos los valores expresados por los jueces, validar la prueba bajo el perfil de la veracidad de los valores obtenidos, y permitir la extracción de una cierta cantidad de información latente. No se puede hablar de análisis sensorial si no existe una metodología adecuada y consolidada, aplicada con constancia a los valores suministrados por los jueces.

Ambiente

La influencia del ambiente sobre las prestaciones del juez es cosa sabida y, en consecuencia, las normas ISO han prestado una gran atención, quizá exagerada, a esta materia. Las condiciones de luz, temperatura, humedad, grado de aislamiento o de comunicación, tranquilidad y silencio son importantes y son atentamente evaluadas.

Sistema organizativo

El análisis sensorial, debiendo respetar plenamente el significado del nombre que lleva, está rodeado de toda una serie de operaciones que tienden a hacer anónimas las muestras y a evitar la recíproca influencia de unas sobre otras. No sólo las muestras de las pruebas son rigurosamente ocultadas, en cuanto a denominación, a los ojos de los jueces, sino que también se varía el orden de presentación de juez a juez. En estas condiciones, la cosa más fácil que puede suceder es la pérdida de la referencia entre los datos y las muestras. Éste es el primer motivo por el que el análisis sensorial requiere un sistema organizativo eficiente, pero no es el único. Toda latencia o error en el servicio puede generar un comportamiento alterado del juez, todo informe con lagunas, impreciso o mal redactado puede generar falsas interpretaciones o rechazos por parte del usuario. Por esto se ha pasado de los laboratorios de análisis sensorial a los sistemas de análisis sensorial gestionados a través de verdaderos manuales de calidad, con muchos procedimientos, instrucciones y módulos.

El control de los resultados

La desconfianza en la comparación de los resultados de las pruebas es innata en la filosofía del análisis sensorial, tanto que hay que diferenciarla de modo determinante de otras metodologías de evaluación que, aun utilizando la percepción humana, no se plantean el problema de la objetividad del dato final. Veamos las técnicas que se utilizan en los diferentes niveles y para los diferentes aspectos de una prueba.

Validación de la ficha

La caracterización de un producto complejo y variable como el vino plantea como primer problema, salvo si se trata de pruebas hedonísticas, la creación de fichas preparadas para cada tipología. La prueba descriptiva semántica a la que hemos aludido permite extraer decenas de descriptores cuantitativos y cualitativos, en general demasiados para poder formular una ficha racional. La técnica empleada es la de la mesa redonda: se hace catar un cierto número de muestras, representativas de la población que después será sometida a las pruebas para medir la intensidad o la calidad de cada sensación, a los jueces que, a través de fichas mudas, describen libremente lo percibido a través de las fases visual, olfativa, gustativa y retrolfativa. Después se puede proceder al análisis estadístico para establecer qué descriptores, por frecuencia de aparición e intensidad, son significativos, creando así el perfil descriptivo semántico de los vinos analizados. Pero esta operación se puede hacer también junto con el panel de forma empírica: en muchos casos es éste el camino que se prefiere, porque cada juez explica a los colegas el significado de cada descriptor por él expresado.

Al final de la mesa redonda tenemos los descriptores y podemos construir la ficha analítica, pero no sabemos el valor de la información aportada por cada parámetro en relación con el conjunto de muestras evaluadas. Un simple análisis de las correspondencias puede permitirnos comprobar cuáles son redundantes: cuanto más próximos aparecen los puntos, más parámetros son portadores de la misma información. Una buena ficha permitirá obtener un gráfico en el que los descriptores están casi homogéneamente dispuestos sobre él (véase figura 8). Ciertos métodos de evaluación de los vinos prevén fichas con quince descriptores que son diferentes sólo semánticamente, pero que en realidad hacen la misma pregunta al catador, cansándole inútilmente.

Validación de los valores atribuidos a los descriptores

Supongamos que un panel constituido por 5 jueces, que deben evaluar una cierta característica (por ejemplo la amarga) con una escala con intervalos de 1 a 9, dé los siguientes valores: 1, 3, 5, 7, 9. Haciendo la síntesis a través de la media, el resultado es cinco y operando con la mediana (índice más válido) la cosa no cambia. Y si queremos utilizar también el método de descartar el mínimo y el máximo, como algunos proponen, la situación sigue siendo la misma. Un dato similar, que resistiera la variación de la técnica, parecería seguramente válido, pero no es así: los jueces no están del todo de acuerdo entre sí. Muy diferente sería si todos hubieran dado el valor 5.

Para declarar atendibles las puntuaciones atribuidas a los diferentes descriptores, se opera con unos índices de alejamiento como la varianza, la desviación, el Anova o con otros más modernos, que han sido puestos a punto recientemente. En base al historial, si el alejamiento es superior a un cierto valor, se declara no atendible el resultado obtenido (figura 9).

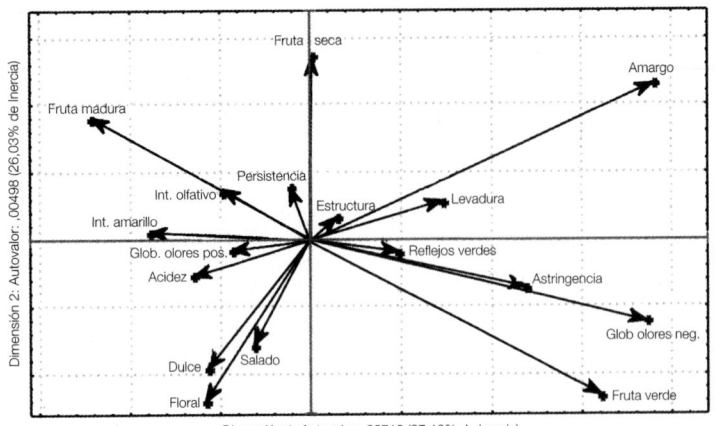

Figura 8
Una de las técnicas de evaluación de las fichas para el análisis sensorial está representada por el análisis de correlación. Obsérvese cómo en esta ficha, creada para los espumosos elaborados con el método tradicional, los descriptores se disponen muy bien sobre el plano creando ángulos muy amplios: es señal de que casi todos son portadores de una información importante y clara.

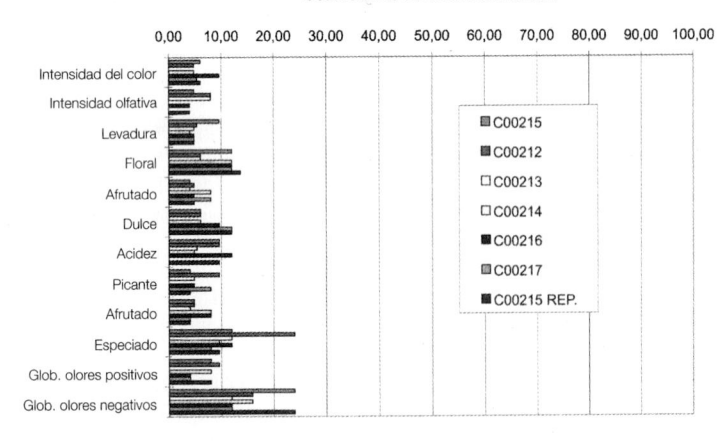

Figura 9
La expresión gráfica del índice de alejamiento, principal elemento para validar el valor atribuido a cada descriptor. Obsérvese cómo en esta prueba solamente dos descriptores sobre dos muestras están sobre el 20%, nivel máximo aceptable de alejamiento según el método. Se trata, por tanto, de una prueba muy atendible.

Verificación de las diferencias estadísticamente significativas

Una medida es válida cuando se puede confiar que, repitiendo la prueba infinitas veces, la probabilidad de obtener los mismos resultados sea elevada. Cuanto más unánimes sean los jueces, mayor será esta probabilidad. No obstante se debe considerar un error, aunque sea pequeño. En las pruebas descriptivas se opera generalmente con un error de primer orden del 5%. Cuando obtenemos un valor igual a cinco del panel, no lo tomamos como término absoluto, sino que, considerando el error, evaluamos cuánto puede oscilar en torno a este valor. Si los jueces han sido muy unánimes, la oscilación será muy limitada, y si han sido muy discordes, será particularmente amplia. Esto genera un intervalo de confianza, es decir aquel intervalo dentro del cual se puede suponer que cae siempre la media de posición repitiendo infinitas veces la prueba. Volviendo a tomar como ejemplo la característica amarga, si dos muestras señalan una un 5 y la otra un 6, podrán ser consideradas significativamente diferentes para aquel descriptor, o bien no: depende del alejamiento entre las puntuaciones asignadas por los jueces. En caso de alejamiento muy ligero, los intervalos serán muy pequeños, pero no son coincidentes para algún valor; por tanto la media de posición, donde quiera que caiga, no podrá nunca ser igual para las dos: presentan, pues, un nivel de amargo significativamente diferente (figura 10).

Verificación del posicionamiento de las muestras

Hemos dicho que una prueba es válida cuando podemos afir-

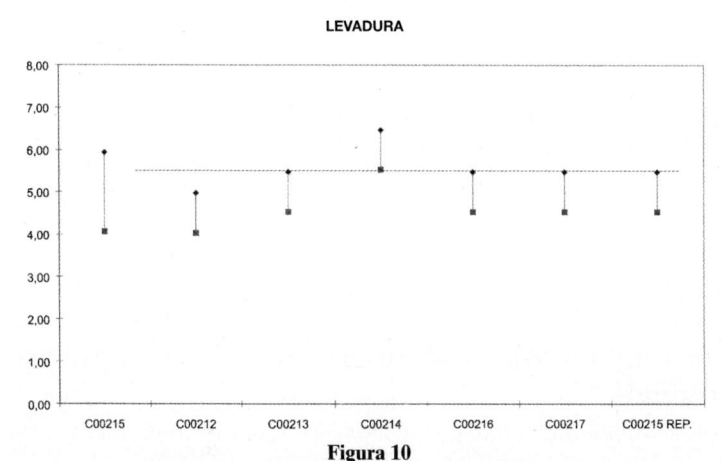

Figura 10
La muestra 214 difiere de modo estadísticamente significativo, en cuanto se refiere a la sensación de la levadura, de todos los demás.

mar que, repitiendo la prueba, tenemos una alta posibilidad de obtener resultados análogos. Para verificar este cometido fundamental del análisis sensorial se puede recurrir a la repetición de la prueba un cierto número de veces (generalmente tres) y/o insertando en el conjunto de catas, en una posición desconocida y diferente para cada juez, la réplica de una muestra. En ciertos casos, ésta puede ser también externa, es decir que se insertan en la elaboración los datos de una muestra evaluada en una sesión anterior y nuevamente catada. Si la muestra y su réplica resultan significativamente diferentes, no se puede validar la prueba. Una óptima visión de conjunto se obtiene también con el análisis de la correspondencia que permite proyectar las muestras sobre un plano cartesiano para verificar su proximidad. Este tipo de elaboración es también muy útil para descubrir las muestras que resultan entre sí similares.

Valoración de los jueces

Hoy no parece ya razonable pensar que un juez seleccionado y adiestrado dé siempre y sea como sea juicios válidos: la complejidad de la psique humana, la influencia de los estados de ánimo y la sujeción a cambios fisiológicos, obligan a hacer la evaluación de los juicios en el ámbito de cada prueba. La operación se hace estadísticamente, tomando en consideración el valor de los juicios atribuidos y se concreta en la determinación de tres índices:

- índice de repetibilidad: es la capacidad de los jueces para evaluar de forma análoga la misma muestra en momentos diferentes;
- índice de colimación: es la capacidad del juez para suministrar evaluaciones similares a las de los colegas;
- índice de discriminación: es la capacidad del juez para utilizar todo el intervalo de escala a su disposición y no ser por tanto minimalista (uso predominante de los valores bajos) ni maximalista (uso predominante de los valores altos), ni tampoco tímido (uso predominante de los valores centrales).

Los tres índices, calculados con particulares funciones matemáticas, son generalmente sintetizados en un único indicador denominado índice de eficacia: si el valor de éste es inferior a un cierto nivel, los datos suministrados por el juez son eliminados y se repite la elaboración.

Los empleos innovadores del análisis sensorial en enología

No solamente todas las pruebas de conformidad previstas por los sistemas de garantía de calidad, certificados con la norma ISO 9000, tienden a adoptar las reglas del análisis sensorial, sino que la

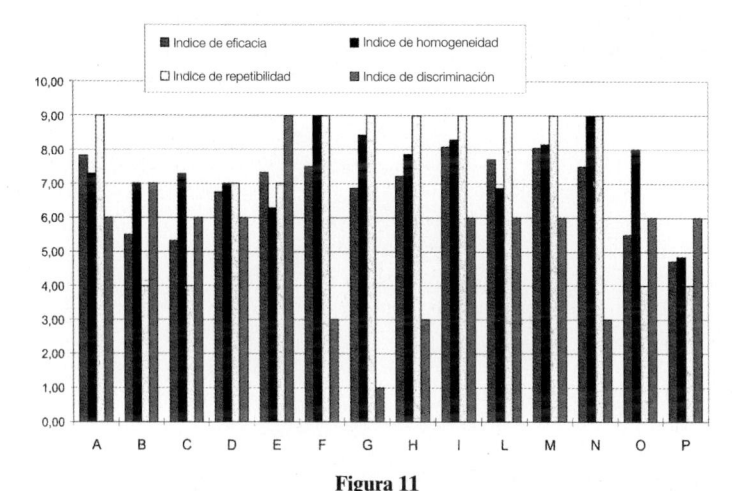

Figura 11
En el análisis sensorial, la evaluación de los jueces según técnicas muy sofisticadas se está convirtiendo en una práctica consolidada. He aquí el diagrama obtenido en una prueba sobre espumosos con el método clásico. Con el método utilizado, los jueces deben alcanzar un nivel de eficacia igual o superior a 4. En este caso son todos positivos.

disciplina está implicando a sectores estratégicos interesados. Sobresalen en particular tres aspectos:
- la formación del precio de los vinos suministrados por las bodegas socias de cooperativas de segundo grado. En este caso se han puesto a punto mecanismos mediante los cuales se pagan más los vinos en función de sus características sensoriales particularmente interesantes para el embotellador, como la intensidad del aroma o de determinados aromas, el bajo nivel de astringencia y de amargo, etc.;
- la certificación de producto. Espectacular ha sido el caso del Valcalepio, vino de la provincia de Bérgamo que, primer DOC de Italia, ha obtenido la certificación del propio perfil sensorial (figura 12);
- el control de la veracidad de los concursos enológicos. La primera "certificación" fue hecha sobre una selección de casi doscientos vinos realizada por una treintena de evaluadores togados, y hoy también están interesados en esta técnica ciertos concursos internacionales. La ventaja es indudable: no solamente proporcionar al productor la seriedad organizativa, sino también el nivel de veracidad de los juicios expresados por los degustadores.

En definitiva, el análisis sensorial permite seguir todo el ciclo productivo del vino: de la evaluación de la preferencia del consumidor se pasa a la proyección de la innovación tecnológica y a las adquisiciones de materia prima (uva o vino), se planifican los controles de bodega y se caracterizan los productos para poder tener más ventaja competitiva y una comunicación más eficaz.

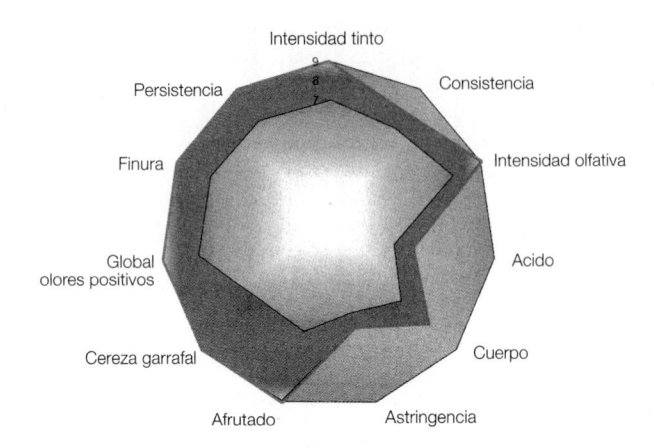

Figura 12
El perfil sensorial del Valacalepio Tinto tal como resulta de la certificación de producto conseguida en 1988.

Nota: los gráficos han sido gentilmente suministrados por el Centro de Estudios y Formación de Catadores de Brescia.

Catas finalizadas

Habiendo examinado los métodos presentados en las páginas precedentes, es claro que el sentido del gusto ha tenido siempre una gran incidencia en el juicio final.

Sabiendo también que la mayoría de las sensaciones gustativas proceden del olfato, se ha perfeccionado la técnica de cata con la clasificación de las sensaciones llamadas gustativo-olfativas, en cuanto son sensaciones instintivamente percibidas mientras el vino está en la cavidad bucal.

A pesar de la diferencia y complejidad de las varias tendencias, actualmente hay una exigencia común de atribuir un papel nuevo y más significativo a la degustación.

Una vez que sea perfeccionada la técnica de percepción, se necesita utilizar de una manera más precisa los resultados analíticos de la cata.

Hace unos años los juicios a puntuación eran suficientemente satisfactorios en la evaluación de un vino. Hoy, frente a la gran diferencia y variabilidad entre los vinos y a consecuencia de las tecnologías que deben ser evaluadas, no es adecuada, para todos los usos, la cata que adopta un sólo método fijo.

Por eso se deben hacer varios tipos de cata para obtener respuestas precisas a las diferentes preguntas del sector vinícola.

De hecho existen diversas exigencias y tipos de degustación: según el fin de la cata, cada método busca en el vino determinadas características, luego expresando los juicios. Entonces en la práctica se pueden describir siete tipos de cata:

1) *Cata de base,* para la expresión de juicio general. Individualización de características objetivas: comprobación de armonía o defectos del vino.

2) *Cata de bodega,* para la expresión de un juicio técnico, de una diagnosis sobre las características actuales y sobre la probable evolución del vino. Individualización de características negativas: comprobación de defectos. Individualización de características positivas: comprobación de méritos e hipótesis sobre la evolución del vino. Esta cata debe ser precedida por análisis químico, relativo a algunos parámetros fundamentales.

3) *Cata para una apreciación cuantitati a* para expresar un juicio concerniente a unos componentes del vino tales como la acidez, alcohol, acidez volátil, azúcar residual. De todas maneras la evaluación es aproximada y subjetiva.

4) *Cata de idoneidad* para expresar un juicio general a fin de clasificar oficialmente los vinos, por ejemplo un vino de calidad producido en regiones determinadas (D.O.C.). Individualización de caracteres objetivos: comprobación de armonía, reconocimiento

del tipo. Apreciación cualitativa: comprobación de méritos por lo que concierne a las características adecuadas al tipo. Esta cata debe ir precedida por análisis químico.

5) *Cata de calidad* para establecer una escala de valores en los concursos o en las evaluaciones comparativas. Individualización de caracteres objetivos: comprobación de armonía y reconocimiento del tipo. Apreciación cualitativa: comprobación de méritos por la que concierne las características adecuadas al tipo, de méritos generales y su evaluación mediante puntuación. Esta cata debe ir precedida por análisis químico.

6) *Cata de reconocimiento* para expresar un juicio fundado sobre la apreciación de caracteres específicos con los que se reconoce el tipo y el origen del vino. Individualización de caracteres objetivos: comprobación de determinados perfumes y aromas.

7) *Cata analítica,* fundada sobre la elaboración estadística de los resultados. Es una cata conducida con métodos diversos, pero rigurosamente codificados de manera de sacar conclusiones procedentes de elaboraciones matemáticas, estadísticas.

Entre las degustaciones hay dos tipos de test: los tests de diferenciación y los de preferencia.

Entonces, se hacen dos básicas preguntas a los catadores: ¿entre dos vinos hay diferencia? ¿Si hay una diferencia, cuál es el vino preferido por el catador? Se pueden utilizar diversos métodos: la comparación directa, en pares, la prueba duo-trío, la prueba triangular, etc...

Prueba de pareja o de comparación directa

Consiste en dar al catador las muestras en parejas. Cada pareja de muestras está constituida por una muestra de control y la otra a la que se han añadido sustancias diferentes del primero (azúcar, agua, tanino) o una muestra diferente.

Se hace una primera pregunta, o sea si las muestras de cada pareja son las mismas o si son diferentes y en este caso puede ser útil tanto para comprobar el grado de las diferencias como para evaluar el catador. La segunda pregunta atañe a la preferencia eventual. A fin de que el test sea válido, el número de los catadores tiene que ser por lo menos de 20, y al menos 14 tienen que contestar de una manera correcta.

Prueba del dúo-trío

A cada catador se le asignan, en copas iguales, 3 muestras, una de las cuales es la muestra de referencia.

De las otras dos muestras, señaladas con los números 1 y 2, una es idéntica a la muestra de referencia y la otra distinta.

Se pide a los catadores seleccionar la muestra, que es diferente de la de referencia. La probabilidad de que en una simple prueba la muestra diferente sea elegida por casualidad es obviamente 0,5 (en el 50% de los casos).

Para aceptar una diferencia se aplica la distribución correcta del X_2.

$$X_2 = \frac{[(X_1 - X_2) - 1]^2}{N}$$

donde:
X_1 = número de pruebas acertadas
X_2 = número de pruebas falladas
N = número total de pruebas
$(X_1 - X_2)$ = valor absoluto de la diferencia

El valor de X_2 debe superar 2,71 para diferencia significativa al nivel de probabilidad del 5% y 5,41 para una diferencia significativa al nivel de probabilidad del 1%.

Supongamos que de 20 degustaciones (o sobre 5 hayan repetido cada uno 4 veces la prueba) se han obtenido 15 aciertos.

$$X_2 = \frac{[(15-5)-1]^2}{20} \quad 4,05$$

El valor de X_2 supera 2,71, pero es inferior a 5,41 y por tanto se acepta la existencia de una diferencia significativa con una probabilidad comprendida entre el 5% y el 1%.

En la práctica este tipo de prueba de cata puede ser también útil en el caso de querer comprobar la identidad de una partida de vino distinta a otra precedente o en todos los casos en los que se quiere confirman o desmentir una identidad.

Prueba triangular

La prueba triangular es la más utilizada de todas las pruebas diferenciales.

A esta prueba aunque se la llama triangular extensa realiza una función muy completa. También en este caso se presentan 3 muestras, 2 iguales y una distinta. Lo primero es indicar la muestra distinta. En esta prueba la probabilidad de elección es del 33,3% en el sentido que de las 3 muestras presentadas no hay una muestra de referencia como en el caso de la prueba duo-trío.

En la prueba triangular la finalidad de elección puede ser diversa: una vez separada la muestra distinta de las otras dos, se puede proceder a la definición del grado de diferencia (intensidad de un aroma, etc.) y al mismo tiempo caracterizar la diferencia encontrada. Se puede también pedir el orden de preferencia entre las dos muestras iguales y la distinta.

Además la misma prueba triangular es uno de los métodos usados para ejercitar a los catadores y también para una eventual selección.

Los resultados de la prueba triangular en cuanto a una preferencia son muy importantes para conocer la evolución de un vino y para comprender a fondo ciertas características de un vino.

También es reconocido universalmente que el número de degustadores para una prueba triangular bien hecha debe ser por lo menos de 20, siendo determinante el tener bien presente que si los degustadores han detectado la muestra distinta el resultado es significativo: con 13 respuestas acertadas el resultado es muy significativo y con 14 es altamente significativo.

Prueba de clasificación

Cuando se usan pruebas diferenciales (pareja, triangular, duo-trío) se pueden en la práctica valorar una serie de muestras y extrapolar juicios sobre su calidad, clasificando qué muestras son las de mejor calidad, cuales de calidad media y cuales de mala calidad.

La clasificación puede ser orientada a ciertas propiedades (mayor o menor intensidad) como el gusto dulce, salado, el aroma; características de la estructura, propiedades que permiten agradar o no el vino (gustar, no gustar, preferencia, aceptabilidad).

En la clasificación de la calidad es necesario contar con catadores expertos.

En cambio, en las pruebas de preferencia, es mejor llevarlas a cabo, con degustadores normales o personas no ejercitadas en la degustación; los catadores expertos y ejercitados normalmente no pueden dar resultados representativos del consumidor normal.

Las fichas

Cata de base

Es una ficha simple, aplicable a todos los vinos o, para aquellos de los que se desea obtener un juicio genérico sobre sus carácteristicas. La cata es muy simple y puede ser efectuada rápidamente si el degustador está bien preparado. La finalidad del juicio no incluye una valoración de mérito o graduación por lo que no son necesarias las puntuaciones.

FICHA PARA CATA DE BASE

MUESTRA N. ....

VINO ....

AÑADA ....

Sensaciones	Referencia	Bueno	Deficiente	Mediocre	OBSERVACIONES
Visuales	Color / Limpidez				
Olfativas	Franqueza / Intensidad				
Gustativas	Franqueza / Intensidad				
Gusto-olfativas	Franqueza / Intensidad				
	Armonía				

Cruzar la casilla correspondiente al inicio

JUICIO

Fecha   Lugar   El Catador

FICHA PARA CATA DE BODEGA

VINO

Análisis Químico: (si se solicita)	Densidad	Acidez total	SO₁ Total ....
	Alcohol destilado	Acidez volatil	SO₁ libre ....
	Azúcares reductores	pH	
	Alcohol en total	Extracto	

Sensaciones	Referencia	Bueno	Deficiente	Mediocre	OBSERVACIONES	EVOLUCION PREVISIBLE
Visuales	Color Limpidez					
Olfativas	Franqueza Intensidad					
Gustativas	Franqueza Intensidad					
Gusto-olfativas	Franqueza Intensidad					
General	Armonía					

(Cruzar la casilla correspondiente al inicio)

JUICIO

Fecha   Lugar   El Catador

INTERVENCIONES DEL TECNICO

OBSERVACIONES

Cata en bodega

Es una ficha destinada a un juicio técnico, de una valoración general del estado en el que se encuentra el vino y para preveer la futura evolución en el tiempo.

Se deben indicar las intervenciones consideradas idóneas a mejorar o corregir las características del vino examinado.

Es una ficha que puede ser adoptada en la bodega por el técnico responsable y puede servir como pre-memoria de las distintas fases de evolución del vino.

Requiere una preparación técnica específica y adecuada a los tipos de juicio e intervenciones.

Cata para valoración cuantitativa de algunos parámetros fundamentales

Por supuesto la degustación no puede alcanzar una elevada precisión en expresar valoraciones numéricas, como si fuera un verdadero análisis sensorial cuantitativo.

Establecer la cantidad de las sustancias volátiles mediante el olfato es imposible. En cambio se pueden cuantificar algunos componentes con suficiente precisión. Estos componentes son:

— la *acidez olátil* (con un grado de aproximación que permite percibir el límite máximo autorizado por ley).
— la *graduación alcohólica* (con aproximación de 5 decimales de grado).
— la *cantidad de azúcares* (con un nivel de aproximación bastante bajo).

Cata de idoneidad

Utiliza una ficha para las valoraciones de V.Q.P.R.D. (tranquilos o espumosos) que deben ser juzgados según su idoneidad a pertenecer al tipo indicado.

No se utilizan escalas de valoraciones, pero sólo se consideran la comprobación de las características definidas en los reglamentos de producción.

Es suficiente no encontrar una característica típica para no dar la idoneidad al vino. Si la comprobación no está segura, se debe hacer otra vez el análisis. Esta revisión puede ser hecha por el mismo Comité o por otros Comités, o, si la primera vez el juicio había sido dado singularmente por cada degustador, se puede hacer un examen colectivo.

La exacta valoración de la voz «correspondencia al tipo» que está escrito sobre la etiqueta (por ejemplo: vino espumoso) permite el uso de la ficha para cada tipo de vino.

El control cualitativo oficial para la clasificación de los V.Q.P.R.D. y para la comprobación de sus características establecidas por ley debería ser efectuada por lo menos en dos fases de la producción del vino.

Se trata de una comprobación de idoneidad, de un juicio general con la finalidad de encontrar los carácteres objetivos, reconocimiento de pertenencia al tipo y clasificación. La comprobación debe siempre ser precedida por análisis químico y efectuada con cata de dos fases.

1) Control en fase de clasificación del vino.

Este control debe ser requerido por el productor para una comprobación de correspondencia con la clasificación requerida.

2) Control en fase de comercialización pre-embotellamiento en bodega. Este control se efectúa por reglamento de la autoridad y consiste en la misma comprobación de correspondencia del vino con la clasificación recibida.

Cata de evaluación con puntuación

Es la ficha clásica de evaluación comparativa con una precisa escala de valoraciones. Puede presentar variantes para V.Q.P.R.D., para V.S.Q.P.R.D., para vinos de mesa. La ficha aquí publicada procede de una propuesta de M. VESCIA* en colaboración con MORSIANI, perfeccionada después de muchas pruebas.

Se utiliza también para facilitar la transcripción de las evaluaciones además de la ejecución de la cata.

Con este se atribuyen los puntos siguientes:

Sensaciones visuales	desde 0 a 20
Sensaciones gustativas	desde 0 a 30
Sensaciones gustativo-olfativas	desde 0 a 30
	Total 100 puntos.

No se puede aceptar una evaluación de más de 59 puntos para los vinos con una evaluación de «mala calidad» o «no aceptable».

Aquí se utilizan con su puntuación, las evaluaciones de correspondencia a las características de origen y al tipo definido en la etiqueta, que son siempre más importantes para juzgar objetivamente los vinos a denominación de origen, igual que los vinos de mesa con indicación de variedad o geográfica. La precisa definición de la «correspondencia al tipo» escrito sobre la etiqueta (por ejemplo «vino espumoso») permite el uso de la ficha para cata tipo de vino.

---

*Actas academia italiana de la vid y del vino Vol. XXVIII (1976)

FICHA DE EVALUACION A PUNTUACION

Manifestación ....

Muestra N. .... Comité N. ....
Vino .... Catador ....
Añada .... Catador ....

Análisis Químico: (si se solicita)	Densidad	Acidez total	SO. Total ....
	Alcohol destilado	Acidez volatil	SO. libre ....
	Azúcares reductores	pH	
	Alcohol total	Extracto	

Sensaciones	Referencia	No aceptable	de mala calidad	Ordinario	Aceptable	Corriente	Bueno	Optimo	Excelente	Puntuación parcial	OBSERVACIONES
Sensaciones visuales	Color	0	4	5	6	7	8	9	10		
	Limpidez	0	4	5	6	7	8	9	10		
Sensaciones olfativas	Franqueza	0	4	5	6	7	8	9	10		
	Finura	0	4	5	6	7	8	9	10		
	Intensidad	0	4	5	6	7	8	9	10		
Sensaciones gustativas	Franqueza	0	4	5	6	7	8	9	10		
	Estructura, cuerpo, alcohol	0	4	5	6	7	8	9	10		
	Armonía Equilibrio Intensidad	0	4	5	6	7	8	9	10		
Sensaciones gustativo-olfativas	Persistencia	0	4	5	6	7	8	9	10		
	Características de origen y correspondencia al tipo	0	4	5	6	7	8	9	10		
						PUNTUACION TOTAL					

RESULTADO
Hasta 38 puntos ☐ No aceptable
desde 39 a 48 ☐ De mala calidad
desde 49 a 58 ☐ Ordinario
dede 59 a 68 ☐ Aceptable
desde 69 a 78 ☐ Corriente
desde 79 a 88 ☐ Bueno
desde 89 a 98 ☐ Optimo
desde 99 a 100 ☐ Excelente

OBSERVACIONES GENERALES:
....
....
....
....

Lugar   Fecha   EL CATADOR

....

No se puede aceptar una evaluación de más de 59 puntos para los vinos con una evaluación de "mala calidad" o "NO ACEPTABLE"

Degustaciones de reconocimiento

Se utiliza una ficha que permite, mediante un juicio de las características específicas, definir la pertenencia del vino a un preciso origen ampelográfico y geográfico. Es una degustación que empeña mucho porque se necesita evaluar objetivamente las sensaciones originales y determinar las características mediante una clasificación puntual para poder distinguir el tipo y el origen del vino.

La ficha tiene dos partes: en la primera se describen las sensaciones generales (visuales, olfativas, gustativas, gustativo-olfativas); la segunda se utiliza para la descripción de los olores que se perciben, empezando por una pregunta de reconocimiento, a la cual se puede contestar con las definiciones de puro, incierto, no posible, para terminar con la descripción de las características olorosas divididas en «dominantes» y «otras».

Es muy importante, en vez de dejar pensar los nombres de los olores a los catadores, que puedan elegirlos entre una lista (ver las páginas siguientes).

Si se hubiera utilizado esta ficha desde la edad de Roma antigua hoy podríamos conocer detalladamente los tipos y las características de vinos tales como Falerno, Cecubo, Momentino o Retico. (Vinos de antigüedad - h.d.t.)

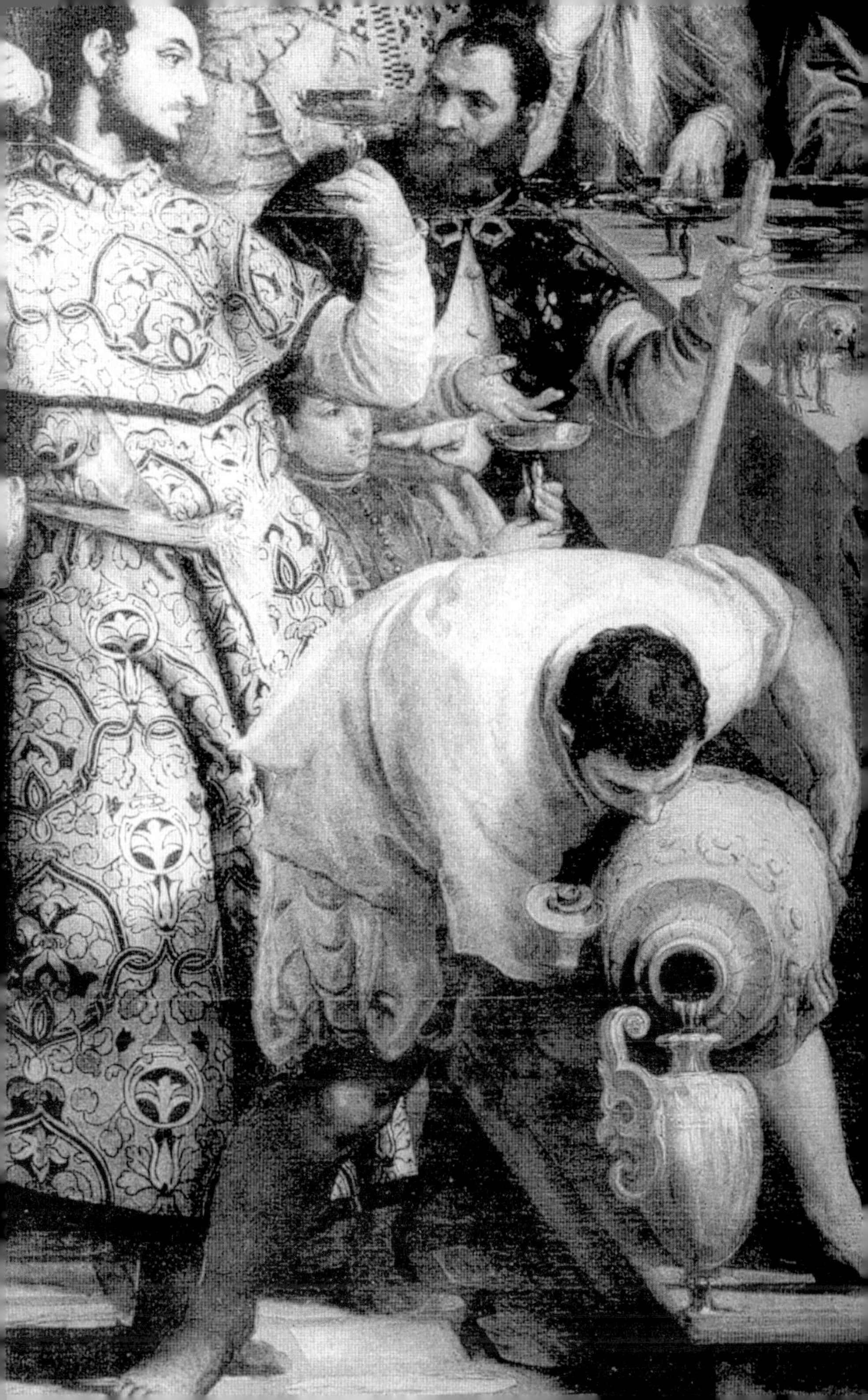

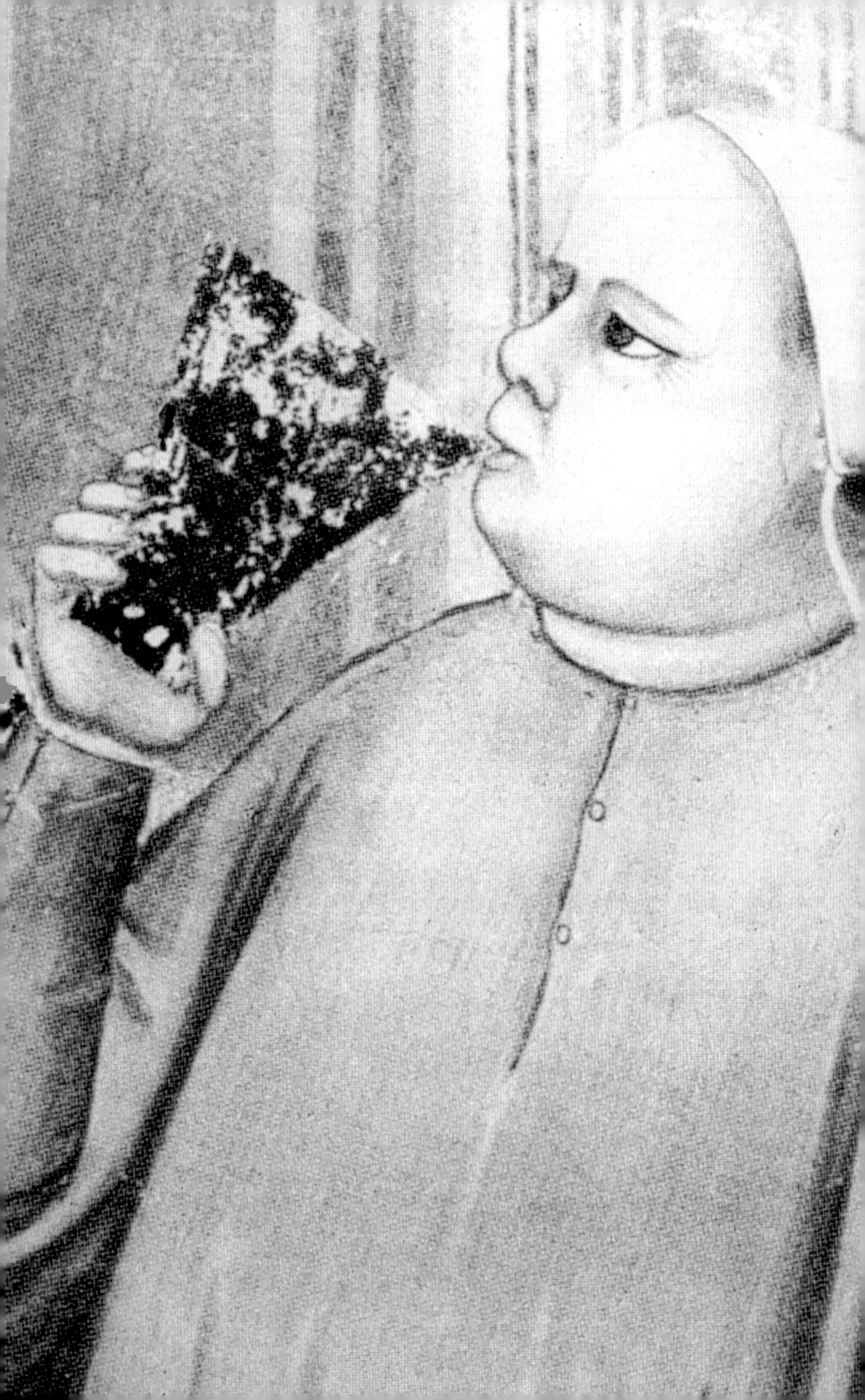

FICHA DE RECONOCIMIENTO

Manifestación ....
....

Muestra N. .... Comité N. ....

Vino ....

Añada .... Catador ....

	Señalar con x las evaluaciones	Describir las sensaciones	
SENSACIONES VISUALES	☐ BRILLANTE	Color	
	☐ LIMPIO	Vivacidad .... Intensidad	
	☐ VELADO	Fluidez	
	☐ TURBIO	Espuma	Burbujas ....
SENSACIONES OLFATIVAS	Describir las sensaciones		
	SENSACIONES GENERALES	SENSACIONES GENERALES	
		CARACTERISTICA DOMINANTE	
		Otras	
SENSACIONES GUSTATIVAS	Describir las sensaciones		
	SENSACIONES GENERALES	SENSACIONES GENERALES	
		CARACTERISTICA DOMINANTE	
		Otras	
SENSACIONES GUSTATIVO-OLFATIVAS	Describir las sensaciones		
	SENSACIONES GENERALES	SENSACIONES GENERALES	
		CARACTERISTICA DOMINANTE	
		Otras	

OBSERVACIONES Y JUICIO

Lugar   Fecha   EL CATADOR

....

Sensaciones visuales (en general)

Aspecto

Por lo que concierne a la limpidez el vino puede ser:
brillante-limpio-claro
o negativamente:
velado-opalescente-turbio
Según la viscosidad el vino se puede definir:
fluido-normal-consistente-denso-aceitoso-ahilado
Las lágrimas pueden ser:
estrechas-marcadas-anchas
Por lo que concierne a la efervescencia, el vino puede definirse:
tranquilo-vivaz-perlado-con aguja
La espuma puede ser:
persistente-fugaz-evanescente-teñida
Las burbujas se clasifican de la manera siguiente:
finísimas-finas-medias-gruesas

Color

Para los vinos blancos el color puede presentarse con los matices siguientes:
blanco papel, blanco papel con reflejos verdosos, amarillo pajizo, amarillo neto, amarillo dorado, amarillo ambar hasta pardo.
Para los vinos tintos y rosados el color puede definirse:
rosado claro, rosado, clarete, rosa cereza, rubí violáceo, rojo descargado, rojo rubí, rojo rubí descargado, rojo púrpura, rojo granate, rojo anaranjado, rojo ladrillo, rojo pardo.
La vivacidad del color puede ser:
destacada, buena, mediocre.

Sensaciones olfativas y gustativo-olfativas (en general)

Sensaciones inmediatas

Pueden llevar a la descripción siguiente.
Por lo que concierne a la franqueza:
vino neto, limpio, franco, no neto, sucio.
Por lo que concierne a la finura:
vino elegante, delicado, sabroso, fino, agudo, punzante, grosero, defectuoso, desagradable.
Por lo que concierne a la intensidad:
amplia, marcada, persistente, sutil, tenue, delgado.
Por lo que concierne a las sensaciones generales, el vino se puede definir:
vinoso, afrutado, fresco, etéreo, agradable, grosero, oxidado, maderizado, defectuoso.

Sensaciones gustativo-olfativas

Pueden ser definidas: por lo que concierne al equilibrio:
vino equilibrado, armónico, de calidad, austero, noble, neutro, pesado, grosero, no armónico.
Por lo que concierne a la persistencia:
óptima, buena, media, suficiente, escasa, insuficiente.
Por lo que concierne a las características de origen:
vino característico (correspondiente a las características de origen), de estofa, de clase.
Por lo que concierne a la edad:
vino inmaduro, joven, maduro, hecho, afinado, viejo, desvaído.
Para hacer una clasificación más clara, las sensaciones gustativo-olfativas que se encuentran en los vinos se comparan con otras que el olfato recibe de hierbas, flores, hongos, especias o de productos alimentarios o de sustancias olorosas de síntesis, que se reconocen y clasifican sencillamente.

Categorías de algunos perfumes

Leñoso	Resinoso	Roble Pino Eucalipto
	Fenólico	Vainilla Esencia de Trementina
Caramelado	Caramelo	Ahumado Corteza de pan Chocolate Café tostado Miel
Microbiano	Levadura	Levadura Heces frescas
	Láctico	Mantequilla Acido Láctico Sudor
Floral	Flores	Acacia Naranja Jazmín Rosa Violeta Geranio
Especiado	Especiado	Anís Tabaco Canela Clavo de olor Pimienta negra Regaliz Coriandro Cacao tostado Corteza de quina
Afrutado	Agrios	Pomelo Limón Naranjo
		Zarzamora Bayas Frambuesa

		Afrutado	Fresa Grosella
			Cereza Albaricoque Melocotón Pera Manzana
		Fruta Tropical	Plátano Piña
		Fruta Desecada	Albaricoque desecado Melocotón desecado Uva pasa Ciruela pasa Higo seco Dátil
		Fruto Seco	Nuez Avellana Almendra
Etéreo	Etéreo		Acido acético Ester enántico Aldehido acético
Vegetal	Herbáceo		Hierba verde cortada
	Fresco (verdura fresca)		Pimiento dulce Pimiento verde Salvia
	Seco		Heno Té Flores varias, marchitadas (tila, aquilea, saúco)
	Cocido		Menta Alubia Espárragos Aceituna verde Aceituna negra
Varietal	Uva		Moscatel

Terroso	Terroso	Polvo Tierra
	Enmohecido	Hongos Musgo Trufa
Bosque	Bosque	Setas
Químico	Azufre	Ajo Cebolla Anhídrido sulfuroso Mercaptanos

De «La rueda de análisis sensorial de la Universidad de Davis, California» perfeccionada y modifica.

En los VINOS BLANCOS, normalmente, se pueden encontrar los perfumes siguientes:

Flores: de naranjo, acacia, lirio, glicina, sauco, aquilea, tila, violeta;

Fruta fresca: manzana, limón, pomelo, plátano, piña;

Fruta desecada: de albaricoque, melocotón, higos secos;

Fruta seca: de nuez, avellana tostada, almendra;

Hierbas u hojas: de hierba recién cortada (herbáceo), heno seco, menta;

Especias: vainilla, anís, clavos de olor, coriandro, enebro;

Otros: de miel, mantequilla, café verde, trufa.

En los VINOS TINTOS se puden encontrar los perfumes siguientes:

Flores: de acacia, rosa violeta, tila;

Fruta fresca: de manzana, albaricoque, melocotón, frambuesa, cereza, fresa, grosella;

Fruta desecada: albaricoque, melocotón, higos secos, dátil;

Fruta seca: avellana, nuez, almendro, avellana tostada.

Hierbas u hojas: de heno, cortado y seco, menta, pino, tabaco, musgo.

Especias: vainilla, regaliz, tomillo, pimiento, quina, enebro.

Otros: de piel curtida, cuero, miel, setas frescas, setas desecadas, trufa, café, café tostado, cacao, alquitrán, alcanfor, acetona, resinas, varias.

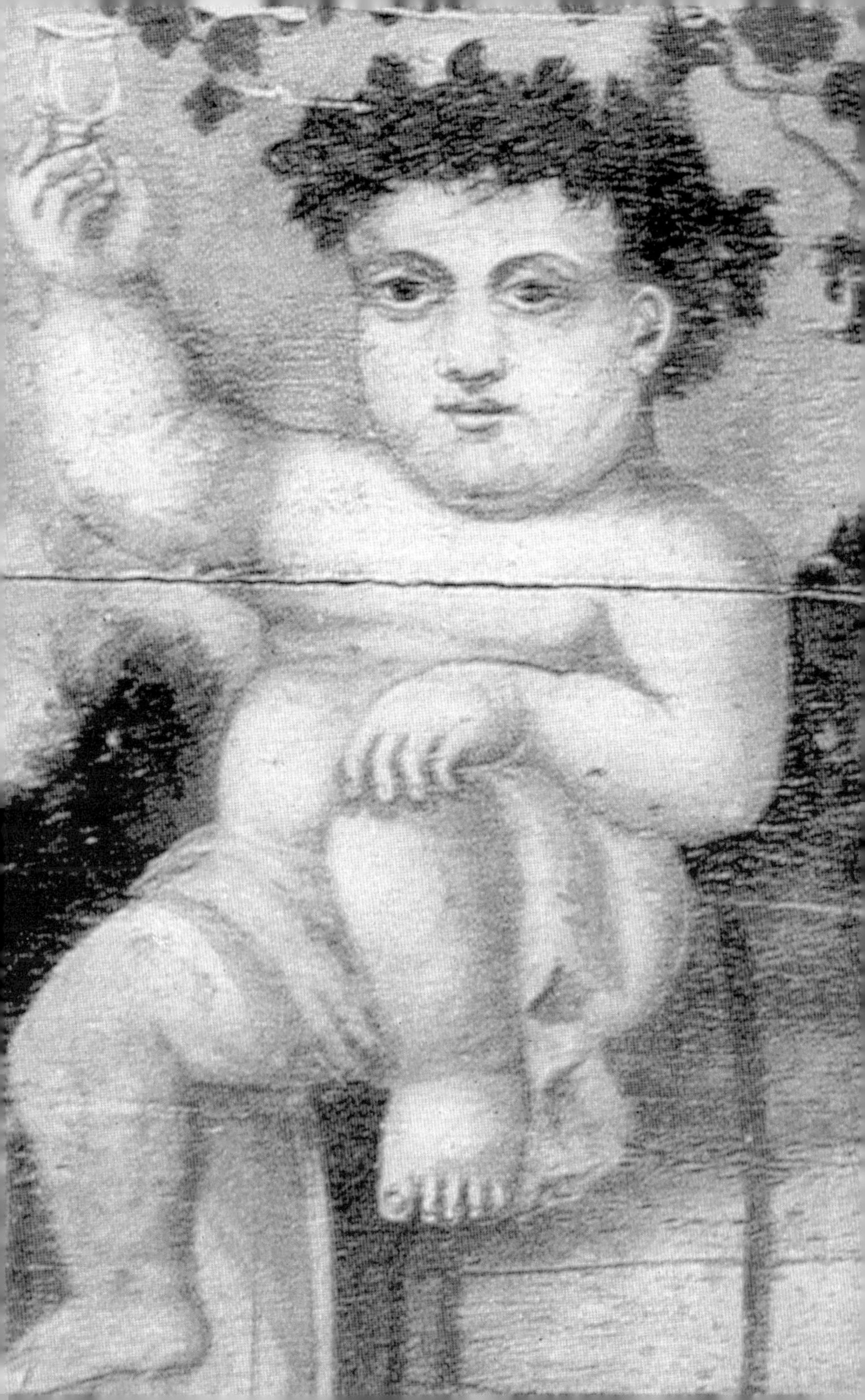

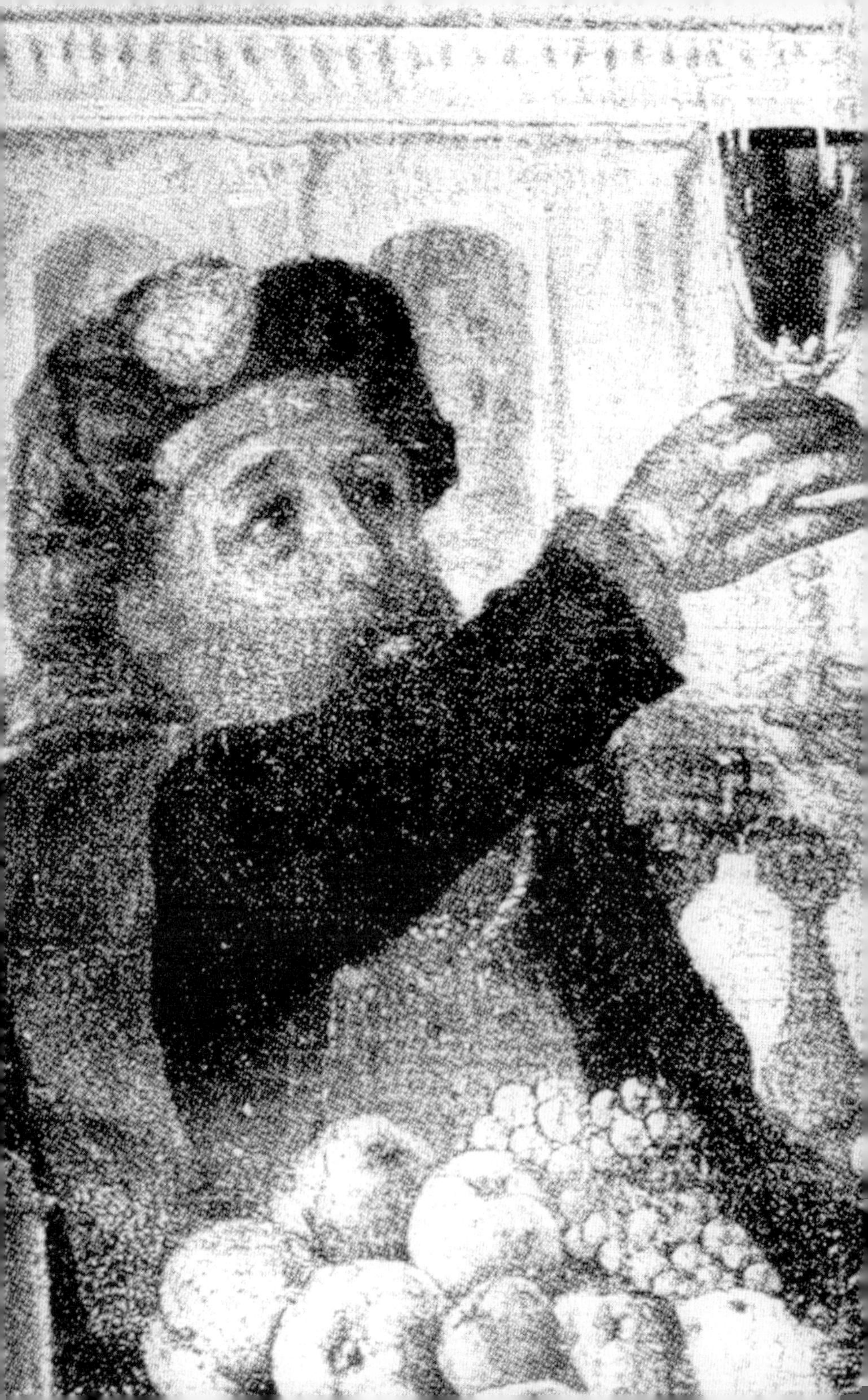

Sensaciones gustativas
(indicaciones generales)

Con el gusto pueden ser reconocidas y descritas las sensaciones siguientes:

Por lo que concierne a la franqueza:
vino franco, neto, limpio, no franco, sucio.

Por lo que concierne a la estructura:
vino de cuerpo, lleno, medio, suficiente, ligero, flaco, insípido.

Por lo que concierne a la armonía:
vino generoso, armónico, equilibrado, común, basto, desequilibrado.

Por lo que concierne a la intensidad:
óptima (vino muy largo), buena (vino largo), media, suficiente, vino corto, cortísimo, desvaido.

Por lo que concierne a las sensaciones generales del equilibrio y de unos componentes:

El alcohol: quemante, fuerte, caliente, descarnado, flaco, frío.

El ácido: vino picante, agresivo, acerbo, ácido, acidulo, vivo, fresco, plano, desvaido, flaco.

El dulce: vino empalagoso, meloso, dulce, agradable, abocado, semi-seco, seco.

El tacto: vino aterciopelado, suave, redondo, pastoso, liso, basto, tánico, astringente, áspero, duro, agresivo.

El amargo: vino amargo, amargoso, labrado.

La edad: inmaduro, de pronta bebida, joven, maduro, afinado, viejo, decrépito.

Ejercitación preventiva para una degustación de reconocimiento

Es muy útil, para afinar el olfato y ejercitarlo al reconocimiento de los olores, perfumes o aromas, estimular el aparato olfativo antes de cada sesión de degustación.

En copas de color oscuro o coloreadas para esconder el contenido, se echan pequeñas cantidades de sustancias naturales olorosas. Es mucho mejor utilizar sustancias naturales que esencias.

Las sustancias naturales de reconocer son las siguientes (pocos gramos de ellas en cada copa).

Flores frescas	Fruta fresca	Flores secas	Fruta desecada	Fruta seca
Rosa	Melocotón	Saúco	Higo	Nuez
Clavel	Manzana	Violeta	Melocotón	Avellana
Violeta	Pera	Aquilea	Dátil	Almendra
Geranio	Frambuesa	Tila	Albaricoque	
Naranjo	Fresa			
Acacia	Piña			
Jazmín	Plátano			
	Pomelo			

Especias	Varios
Clavel	Resinas
Canela	Varias
Pimienta negra	Miel
	Menta
Corteza de Quina	Café verde
Regaliz	Café tostado
Cacao tostado	Setas (frescas, desecadas)
Vainilla	Salvia
Tabaco	
Enebro	
Alcanfor	
Coriandro	
Anís	

Después de haber puesto la sustancia en la copa, se cubre con una capa muy sutil de algodón.

Para cada tipo de vino que será degustado, se necesita preparar las sustancias naturales adecuadas, que están descritas en el capítulo concerniente a las sensaciones gustativo-olfativas.

Los vasos se ponen sobre una mesa a distancia de 1 m de uno del otro. Al lado de cada vaso se escribe sobre una etiqueta la sustancia contenida, pero no se debe leer.

El degustador después de haber aspirado comprueba la correspondencia de lo que está escrito en la etiqueta, la coloca de manera que el degustador siguiente pueda repetir la operación. El equipo de degustación efectúa el análisis olfativo de todos los vasos: es muy importante memorizar lo que se ha percibido con la correspondencia con las varias indicaciones.

Se cambian los sitios de los vasos y respectivas etiquetas y se repite la operación.

Cada degustador, si ha memorizado en la primera fase la correspondencia entre la sustancia y el exacto nombre en la etiqueta, reconoce la sustancia y como confirmación controla la correspondencia sobre la etiqueta. En un autoexamen.

Nadie pregunta al degustador cuantas sustancias ha reconocido, pero es él mismo el que lo pregunta así y el que juzga su nivel de preparación.

El estímulo que el degustador recibe de la ejercitación activa el sentido del olfato relacionado con la memoria; la sucesiva fase de reconocimiento de las sensaciones en el vino o en los vinos analizados es mucho más fácil.

Ficha de evaluación a puntuación y reconocimiento

De las dos fichas precedentes descritas, procede la ficha de evaluación y reconocimiento, claramente completa, que puede utilizarse en muchos casos, sea en un programa didáctico, sea para evaluaciones generales y detalladas.

FICHA DE EVALUACION A PUNTUACION Y RECONOCIMIENTO

Manifestación ....

Muestra N. .... Vino .... Añada ....

Análisis químico:	Densidad	Densidad ....
(si se solicita)	Alcohol dest.	Alcohol dest. ....

Sensaciones	Referencia	No aceptable	de mala calidad	Ordinario	Aceptable	Corriente	Bueno	Optimo	Excelente	Puntuación parcial
Sensaciones visuales	Color	0	4	5	6	7	8	9	10	
	Limpidez	0	4	5	6	7	8	9	10	
Sensaciones olfativas	Franqueza	0	4	5	6	7	8	9	10	
	Finura	0	4	5	6	7	8	9	10	
	Intensidad	0	4	5	6	7	8	9	10	
Sensaciones gustativas	Franqueza	0	4	5	6	7	8	9	10	
	Estructura, cuerpo, alcohol	0	4	5	6	7	8	9	10	
	Armonía Equilibrio Intensidad	0	4	5	6	7	8	9	10	
Sensaciones gustativo-olfativas	Persistencia	0	4	5	6	7	8	9	10	
	Características de origen y correspondencia al tipo	0	4	5	6	7	8	9	10	

PUNTUACION TOTAL

OBSERVACIONES GENERALES

....

....

....

Lugar

....

Catador			
Comité N.			
Acidez total	pH.	SO. total	
Acidez volatil	Extracto.	SO. libre.	

RESULTADO:
Hasta 38 puntos ☐ no aceptable
Desde 49 a 58 ☐ ordinario
De 69 a 78 ☐ corriente
de 89 a 98 ☐ Optimo

desde 39 a 48 ☐ mala calidad
de 59 a 68 ☐ aceptable
de 79 a 88 ☐ bueno
de 99 a 100 ☐ excelente

Señalar con x las evaluaciones	Describir las sensaciones
☐ BRILLANTE	Color ....
☐ LIMPIO	Vivacidad .... Intensidad ....
☐ VELADO	Fluidez ....
☐ TURBIO	Espuma .... Burbujas ....

Describir las sensaciones
SENSACIONES GENERALES ....
....
....
....
....

SENSACIONES GENERALES ....
....
CARACTERISTICA DOMINANTE ....
....
Otras ....

Describir las sensaciones
SENSACIONES GENERALES ....
....
....
....
....

SENSACIONES GENERALES ....
....
CARACTERISTICA DOMINANTE ....
....
Otras ....

Describir las sensaciones
SENSACIONES GENERALES ....
....
....
....
....

SENSACIONES GENERALES ....
....
CARACTERISTICA DOMINANTE ....
....
Otras ....

No se pueden aceptar en clasificaciones de más de 59 puntos, los vinos con una o más evaluaciones de "Mala calidad" o "No aceptable

....
....
....

Fecha
....

EL CATADOR
....

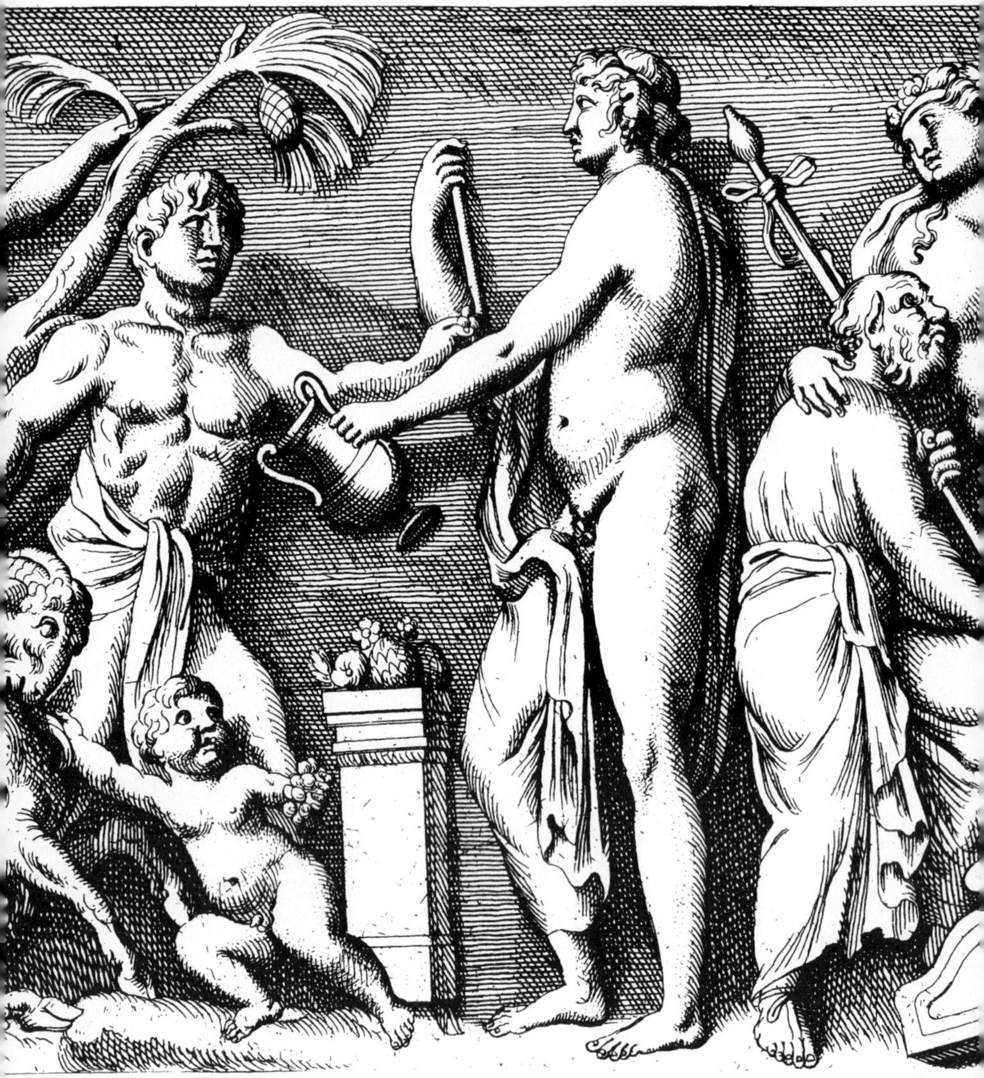

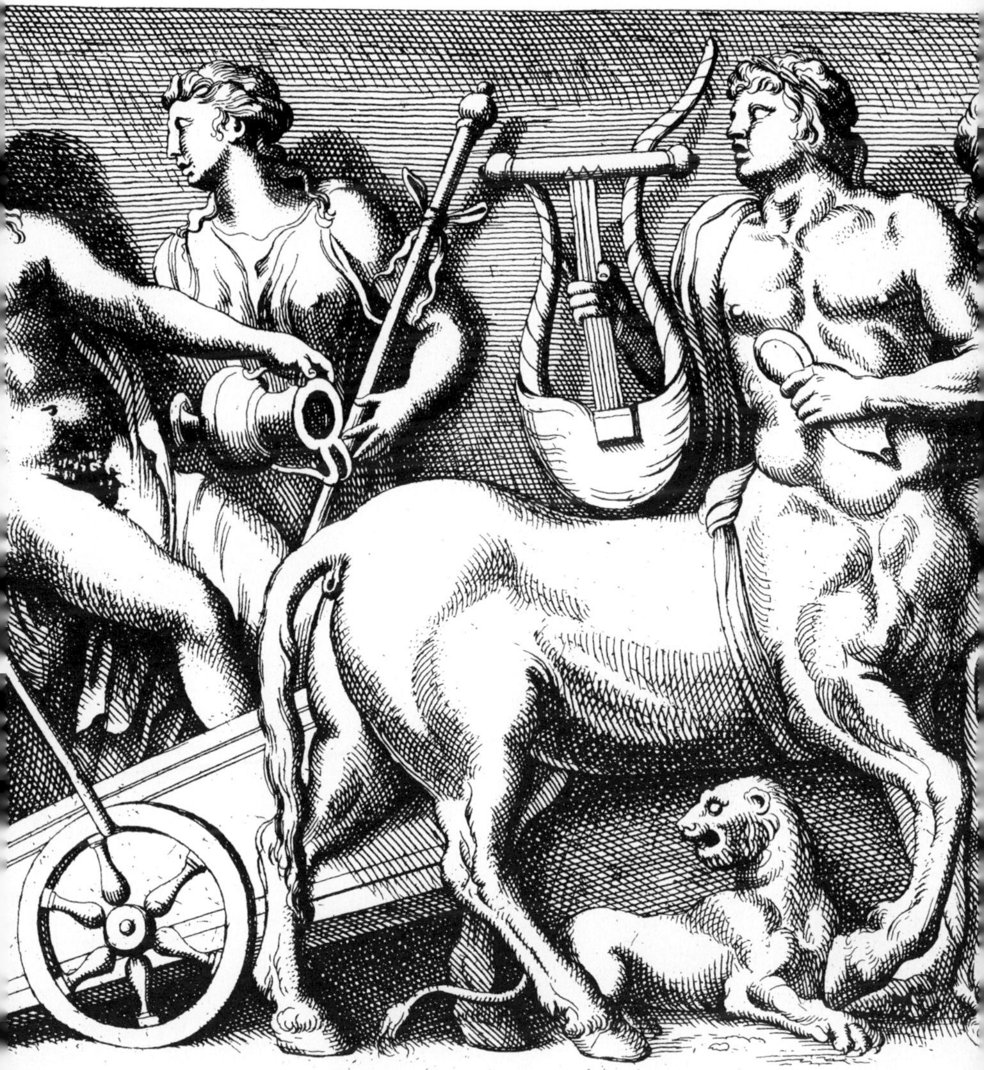

La ficha para la prueba de comparación directa (o de pareja) puede ser así:

Muestras	
1.º) n.º 1	n.º 2
2.º) n.º 3	n.º 4
3.º) n.º 5	n.º 6

Si se pregunta la existencia de diferencia.
Degustar las dos muestras. Señalar si el segundo es o no diferente.

Muestras	
1.º) n.º 1	n.º 2
2.º) n.º 3	n.º 4
3.º) n.º 5	n.º 6

Si se pregunta la existencia de diferencia (por ejemplo si más o menos dulces).
Degustar las dos muestras. Señalar si el segundo es o no más dulce.

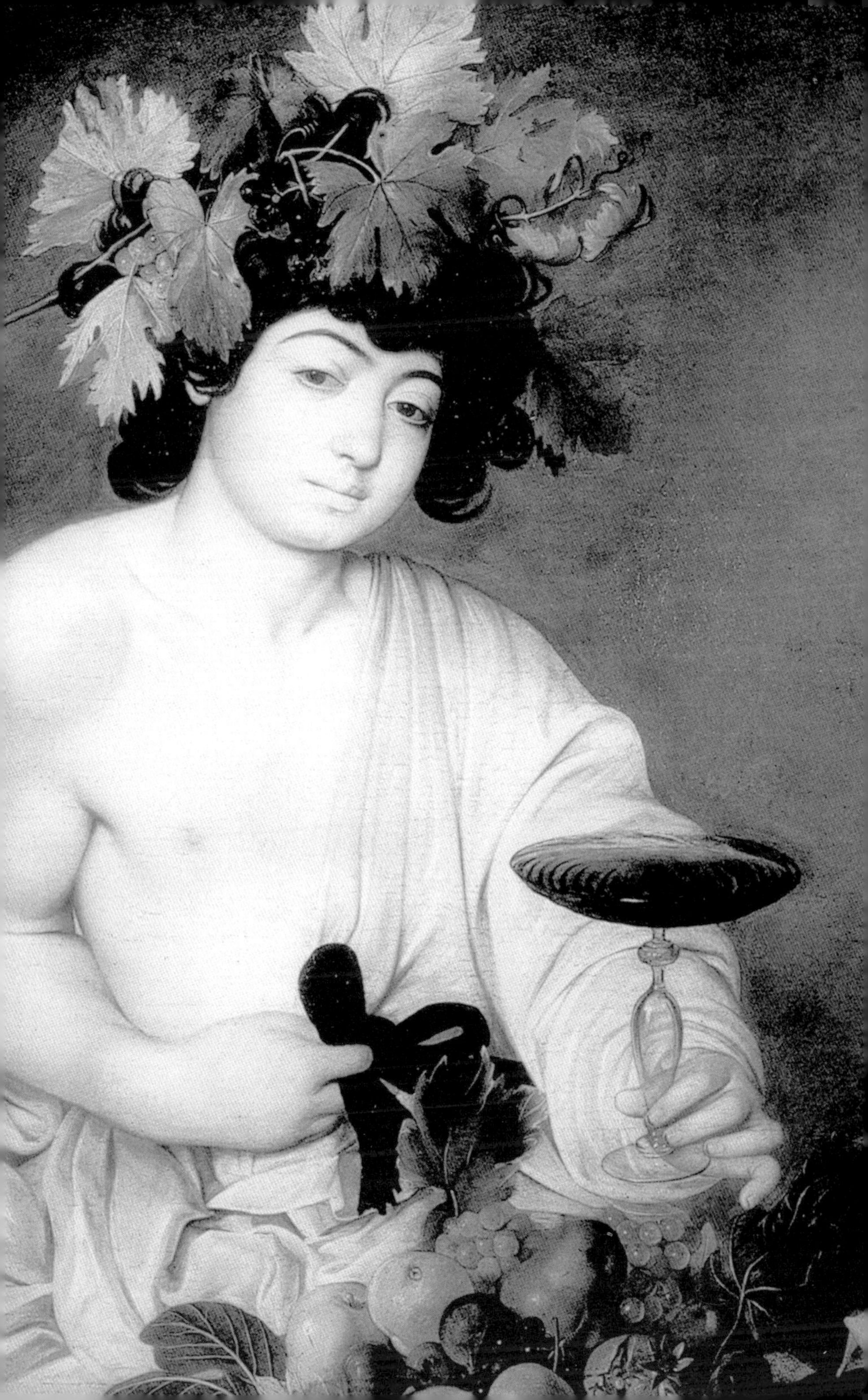

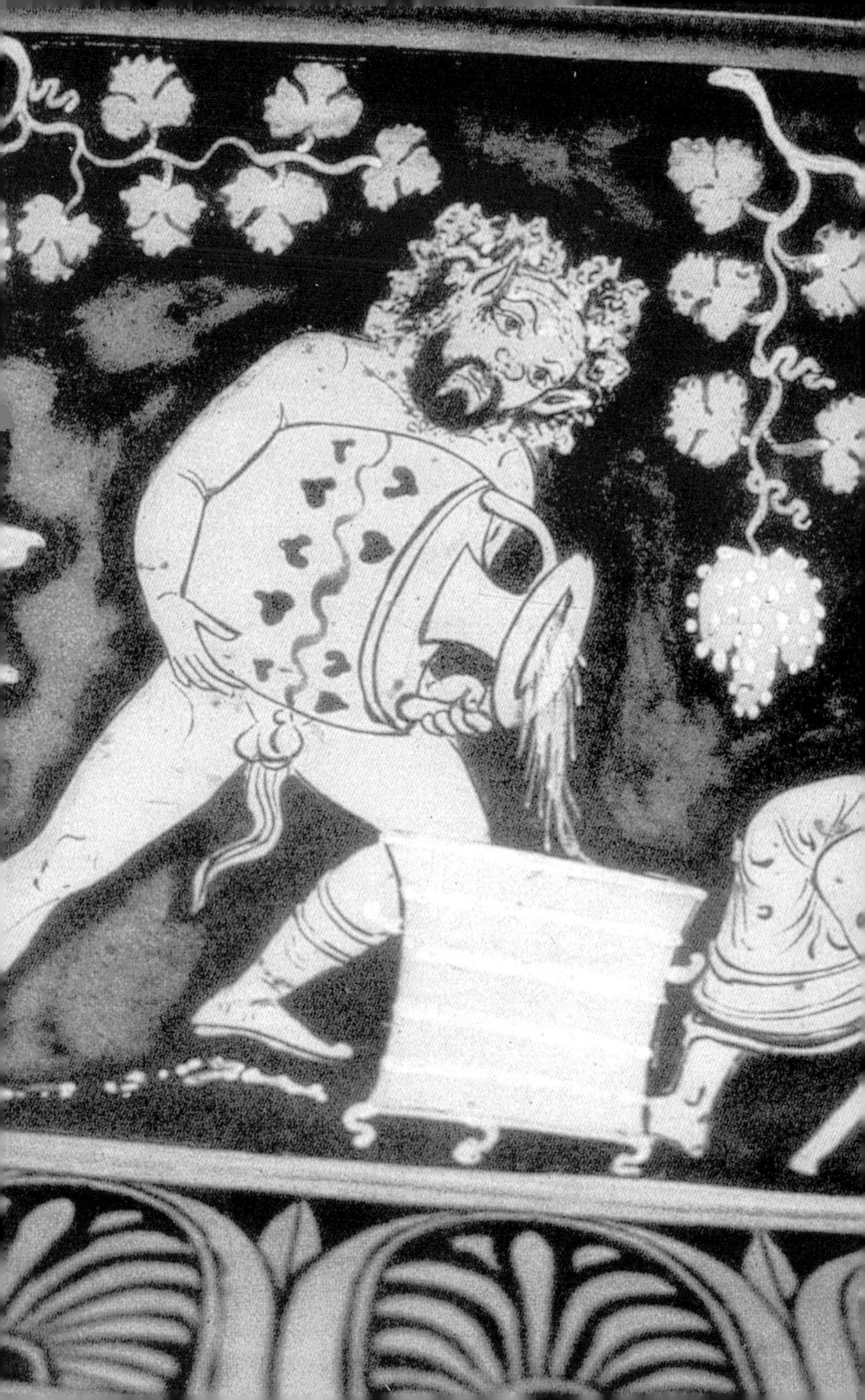

La ficha para la prueba dúo-trío puede ser así:

Muestra de referencia	Muestras	
1.º) n.º 1	n.º 2	n.º 3
2.º) n.º 4	n.º 5	n.º 6
3.º) n.º 7	n.º 8	n.º 9

Degustar la muestra de referencia. Degustar la dos muestras. Señalar cual de las dos muestras es igual a la muestra de referencia.

La ficha para la prueba triangular puede ser así:

Muestras		
1.º) n.º 1	n.º 2	n.º 3
2.º) n.º 4	n.º 5	n.º 6
3.º) n.º 7	n.º 8	n.º 9

Degustar las tres muestras. Señalar cual es la muestra diferente (escribiendo igual-igual-diferente). Señalar, si se solicita, la motivación de la diferencia.

Ficha procedente de escala de medida libre

	De mala

Vista
    Limpidez
    Tonalidad
    Color
    Intensidad	

Sensaciones Olfativas
    Franqueza
    Finura
    Intensidad
    Armonía	

Sensaciones Gustativas
    Franqueza
    Estructura, alcohol
    Intensidad
    Armonía	

Sensaciones Gustativo-Olfativas
    Intensidad
    Armonía
    Persistencia	

Características de origen y correspondencia al tipo	

calidad	Corriente	Excelente

Ficha procedente de escala de medida libre

Reconocimiento	
	Déb
Sensaciones de referencia a:	
Características florales	
Características vegetales	
Características afrutados	
Características de bosque	
Características especiales	
Características leñosas	
Características etéreas	

	Intensidad Media	Fuerte

cm 9 **1** cm 9	**2**	**3**	**4**
5	**6**	**7**	**8**
9	**10**	**11**	**12**

    Comité   Degustación   Lugar   Fecha

    Facsímil de plano de apoyo para la sistematización racional de los vasos durante una degustación. Los vasos están colocados en las casillas numeradas para tener una continua y exacta referencia y la posibilidad de comparación durante toda la degustación. Además el fondo blanco permite la exacta percepción de las sensaciones visuales. Las medidas del plano están escritas al lado del facsímil.

Indicaciones generales

Acidez total

Característica de los mostos y de los vinos, debida a los ácidos contenidos en ellos. Va de un mínimo de aproximadamente 4 g/l hasta un máximo de 14-15 g/l expresada en ácido tartárico. Con el alcohol es un componente muy importante de equilibrio del vino.

Si la acidez es demasiado baja el vino parece flaco, mientras que con evaluaciones demasiado elevadas, el vino resulta áspero, duro.

Si está presente en justa cantidad aviva el color, refresca el sabor, permite una más larga conservación del vino.

Acidez fija

Se utiliza para los ácidos llamados fijos (tartárico, cítrico, málico, láctico, succínico, etc.) porque no son separables del vino por evaporación.

Acidez real

Es la fuerza ácida de un mosto o de un vino.

El poder ácido varía de ácido a ácido, por eso puede ser que con una igual acidez total, la acidez real es diferente. Se expresa con el pH, logaritmo cambiado de signo de la concentración de hidrogenios, correspondientes a la neutralidad el valor 7. Tanto más bajo es el pH, cuanto más elevada es la acidez real del vino (que normalmente va de pH 2.8 a 3.8).

Acidez volátil

Se utiliza para defenir la parte de ácidos de la serie acética, que evaporan y por eso se dicen volátiles.

Acido carbónico (anhídrido carbónico, CO_2)

Gas producido por la fermentación alcohólica. El azúcar de los mostos (o de los vinos) se transforma en alcohol y anhídrido carbónico por la acción de las levaduras (sacceromyces). Se puede utilizar para gasificar artificialmente los vinos.

Registro de los viñedos

Registro público instituido en el organismo oficial correspondiente, en que se inscriben las áreas vitícolas donde se producen los vinos I.G.T., D.O.C. y D.O.C.G.

Cada registro contiene las indicaciones siguientes:
— señas del agricultor declarante.
— fecha de inscripción y número de registro.

— localidad en la que estan los viñedos;
— entidad de la superficie de viñedos según el tipo de cultivo (mezclado o especializado) con cantidad máxima de uva y correspondiente cantidad de vino;
— anotaciones de las declaraciones de variaciones en los viñedos.
— edad de los viñedos.

Alcohol

Sustancia orgánica procedente de la fermentación alcohólica. Habitualmente el término se utiliza para indicar el alcohol etílico, componente esencial de los vinos, base para la fabricación de licores y destilados (aguardientes).

Alcohol en potencia

Grado alcohólico que se puede producir de la fermentación total del azúcar todavía presente en el vino.

Alcohol total

Grado alcohólico total procedente de la suma del grado alcohólico efectivo (cantidad real del alcohol en el vino) y del grado alcohólico en potencia.

Alcoholes superiores

Alcoholes con un número de átomos superior a los del etanol. Está en pequeñas cantidades en los vinos y en todos los líquidos fermentados.

Alcoholicidad

Grado alcohólico de un vino (o líquido alcohólico).

Anhídrido sulfuroso SO_2

Gas constituido por la combinación de azufre y oxígeno, utilizado en enología como regulador de la fermentación, antiséptico, antioxidante.

Anhídrido sulfuroso combinado

Anhídrido sulfuroso (o ácido sulfuroso) en los mostos o vinos combinados con azúcares, aldéhido acético y otros componentes.

Anhídrido sulfuroso libre

Es el compuesto que está en los mostos y en los vinos en el estado de SO_2 puro y libre o como ácido sulfuroso (SO_3H_2), ión bisiolfito (HSO_3^-), ión sulfito ($SO_3=$)

Anhídrido sulfuroso total

Es el conjunto del anhídrido sulfuroso libre y combinado presente en los mostos o en los vinos.

Denominación de Origen controlada (D.O.C.)

Indicación utilizada para diferenciar un vino que presenta los requisitos y las condiciones establecidas en el reglamento de producción.

Vasos colocados en las casillas para una referencia continua.

D.O.C. se utiliza para definir vinos con especiales características cualitativas procedentes sólo de uvas de variedades de cepa recomendadas o autorizadas de la especie *Vitis vinifera* cosechadas en la región determinada y conformes a disposiciones de la Comunidad Europea o nacional concernientes: producción por hectárea de uva y las técnicas de cultivo, las técnicas enológicas, la gradación alcohólica mínima natural y otros eventuales datos analíticos, las características de color, limpidez, olor y sabor, «Región determina-

Las lágrimas permiten evaluar la riqueza del vino en glicerina y alcoholes.

da» se dice de un área o conjunto de áreas vitícolas que producen vinos con especiales características cualitativas. La denominación de este área geográfica sirve a definir los V.Q.P.R.D., los vinos D.O.C. con la sigla de la Comunidad Europea.

V.Q.P.R.D. (Vino de calidad producido en Región determinada).

Denominación de Origen Controlada y Garantizada (D.O.C.G.)

Vino correspondiente a la definición de D.O.C. (V.Q.P.R.D.) que tiene requisitos de valor especial y por eso se debe hacer un ulterior control cualitativo para comprobar un especial mérito. Además tiene que llevar un precinto especial para cerrar la botella.

Etiqueta

Es el complejo de las definiciones, menciones, ilustraciones o marcas que conciernen al producto y aparecen sobre el envase que lo contiene.

Vino de mesa

Indicación utilizada para diferenciar un vino:
— procedente sólo de uvas de variedades recomendadas o autorizadas;
— producido en la Comunidad Europea;
— con, después de las eventuales operaciones de aumento del grado alcohólico natural, en su caso un grado alcohólico efectivo no inferior al 8,5% con tal de que este vino producido exclusivamente con uvas cosechadas en las áreas vitícolas A y B no inferior al 9% para las otras áreas vitícolas, además de una graduación alcohólica total no superior a 15;
— con una acidez total expresada en ácido tartárico no inferior a 4,5 gramos por litro.

Vino de mesa con indicación geográfica típica (I.G.R.)

Indicación utilizada para diferenciar un vino de mesa producido en áreas geográficas delimitadas.

V.Q.P.R.D. (Vino de calidad producido en región determinada)

Indicación adoptada en la C.E.E. para diferenciar un vino correspondiente a los requisitos y a las condiciones establecidas en el relativo reglamento de producción; en Italia es un vino D.O.C. o D.O.C.G.

V.S.Q.P.R.D. (Vino espumoso de calidad producido en región determinada)

Indicación adoptada en la C.E.E. para diferenciar un vino espumoso correspondiente a los requisitos y condiciones establecidas en el relativo reglamento de producción: en Italia es un vino espumoso D.O.C.

Azúcares

Es uno de los principales componentes del mosto, se forman en el grano de uva con su maduración.

Debido a la acción de las levaduras se transforman en alcohol y anhídrido carbónico. Los fermentables están constituidos por hexosas: glucosa y fructosa.

Según la cantidad, influyen en el sabor de los vinos: desde valores de hacia 2 gramos/litro en los vinos secos, pueden sobrepasar los 75 g/l en los vinos dulces.

En algunos países se prohíbe la adición de azúcares no procedentes de la uva en los mostos o vinos, excepto para los vinos especiales (espumosos, vinos aromatizados).

Azúcares fermentables

Están constituidos por azúcares (en los mostos o vinos) aptos para la fermentación por acción de las levaduras. Se transforman en alcohol y anhídrido carbónico.

Azúcares no fermentables

Son azúcares (en los mostos o en los vinos) que no fermentan por la acción de las levaduras; son esencialmente las pentosas.

Azúcar invertido

Está constituido por glucosa y fructosa derivados de la inversión hidrolítica de la sacarosa, obtenida con ácidos o por medio de un enzima llamado invertasa.

Azúcares residuales

Son los azúcares que se encuentran, no fermentados en los vinos.

Azúcares reductores

Son los azúcares con un poder reductor hacia especiales reactivos (líquidos de Fehling).

Glosario

ABOCADO
Se utiliza para indicar en un vino el sabor ligeramente dulce, agradable y al mismo tiempo un poco tónico.

ACACIA
Se utiliza cuando en un vino se encuentran sensaciones olfativas y gustativas parecidas a las que posee la flor especificada.

ACERBO
Se utiliza para indicar en un vino la percepción general procedente de riqueza de color, cuerpo y alcohol, con sensaciones de amargo y justamente áspero.

ACERBO-VERDOSO
Se utiliza para indicar un vino joven, ácido, tónico, a veces procedente de uvas incompletamente maduras.

ACESCENCIA-PICADO
Enfermedad del vino por bacterias acéticas. El alcohol del vino se transforma en ácido acético.

ACETONA
Se utiliza cuando en un vino se encuentran sensaciones olfativas o gustativas parecidas al compuesto especificado.

ACIDO
Se dice de un vino cuya cantidad de acidez es elevada.

ACIDULO
Se dice de un vino con una ligera acidez, pero no totalmente desagradable

ACRE
Se dice de un vino rico en taninos y ácidos

ADULTERADO (SOFISTICADO)
Se utiliza para indicar que a un mosto o un vino se le han añadido productos no permitidos o que ha sido sometido en el transcurso de su preparación a un tratamiento ilícito.

AFRUTADO

Para indicar sensación olfativa y gustativa de fruta fresca (sobre todo manzana).

AGRADABLE (Según el autor)

Se utiliza para definir en un vino la sensación agradable de un sabor dulce.

AGRESIVO

Se utiliza para describir un vino que tiene carácter gustativo demasiado fuerte.

AGUDO

Se utiliza para indicar en un vino, una sensación objetiva penetrante y sutil.

AGUJA

Desprendimiento de burbujas de anhídrido carbónico en los vinos llamados de aguja.

AHILADO

Se utiliza para indicar un vino con la enfermedad de la grasa, cuyo aspecto recuerda el del aceite.

AJO

Se utiliza para indicar la sensación gustativa y objetiva que recuerda al ajo, debido a la formación de compuestos afrutados.

ALBARICOQUE

Se utiliza cuando en un vino se encuentran sensaciones olfativas y gustativas parecidas a las que posee la fruta.

ALMENDRA

Se utiliza cuando en un vino se encuentran sensaciones olfativas y gustativas parecidas a las que posee la fruta.

ALMENDRADO

Se utiliza para indicar en un vino el carácter gustativo-olfativo comparable con el de la almendra amarga.

ALMIZCLADO

Se utiliza cuando en un vino se encuentran sensaciones olfativas y gustativas parecidas a las que posee el producto. Típica de los vinos «MOSCATO».

ALQUITRAN

Se utiliza cuando en un vino se encuentran sensaciones olfativas y gustativas parecidas a las que posee la sustancia.

Agradable conjunto de sensaciones debido a la riqueza en glicerina, alcohol y tanino que con la crianza se transforma en compuestos químicos con sabor amargo.

ALTERADO

Se utiliza para definir un vino que ha empeorado sus caracteres natural o artificialmente, y no presenta la composición química de un vino normal.

AMARGO

Se utiliza en un vino para indicar una sensación gustativa amarga que se nota cuando son estimulados los receptores nerviosos en la base de la lengua.

AMARILLO (LIMPIO)

Color de vinos blancos claramente amarillo.

AMARILLO AMBARINO

Color de vinos blancos con tonalidad amarilla cargada, tendente al marrón.

AMBARINO

Se utiliza para indicar en un vino el color amarillo cargado tendente a marrón.

AMOSCATELADO

Se dice de un vino que tiene el conjunto de las sustancias olorosas frescas y agradables procedentes del moscatel, que se pueden percibir tanto en la uva como en el vino no totalmente fermentado.

AMPLIO

Se utiliza para indicar la intensidad armoniosa del conjunto de las sensaciones olfativas de un vino.

ANIS

Se utiliza cuando en un vino se encuentran sensaciones olfativas y gustativas parecidas a las que posee la semilla.

APAGADO, MUDO

Se dice de un vino sin ninguna peculiaridad. En relación a los mostos, significa que han terminado la fermentación por adición de anhídrido sulfuroso.

AQUILEA

Se utiliza cuando en un vino se encuentran sensaciones olfativas y gustativas parecidas a las que posee la aquilea o milenrama.

ARDIENTE

Se utiliza para indicar en un vino el sabor quemante debido a un excesivo contenido alcohólico.

ARMONICO, CUBIERTO

Se dice de un vino con óptima constitución, con buenas cantidades de color, cuerpo, alcohol, que auguran una buena conservación.

AROMA

Se utiliza para indicar el conjunto de las sustancias perfumadas y agradables procedentes de la uva, que se conservan en el vino y se pueden percibir tanto en la uva como en el vino.

AROMATICO (vino)

Se utiliza para definir un vino en el que son evidentes los aromas de la uva de la cual procede el vino.

AROMATIZADO

Se utiliza para definir un vino que ha sido preparado con la adición de aromas procedentes de plantas o hierbas que confieren al producto un aroma agradable. El vino aromatizado más famoso es el vermut o vermouth.

ASPERO

Se utiliza para indicar un vino alcohólico muy ácido y tónico que da una sensación de rudeza.

ASTRINGENTE

Se utiliza para indicar en un vino una tonicidad y acidez bastante marcadas pero no completamente desagradables.

ATERCIOPELADO
Se dice de un vino suave y untuoso a la vez que acaricia el paladar.

ATUFADO
Se utiliza para indicar un vino que huele a vinagre.

AUTENTICO, PURO
Se utiliza generalmente para indicar un vino producido con técnicas legales.

AVELLANA
Se utiliza cuando en un vino se encuentran sensaciones olfativas y gustativas parecidas a las que posee la fruta.

AVELLANA TOSTADA
Se utiliza cuando en un vino se encuentran sensaciones olfativas y gustativas parecidas a las que posee la fruta.

AZUCENA
Se utiliza cuando en un vino se encuentran sensaciones olfativas y gustativas parecidas a las que posee la flor.

AZUFRE
Se utiliza cuando en un vino se encuentran sensaciones olfativas y gustativas parecidas a las que posee el producto.

BASTO-ASPERO
Se dice de un vino demasiado rico en extracto, cuerpo, tanino, por eso áspero, pero que se suaviza al envejecer.

BLANCO (PAPEL)
Color muy atenuado de los vinos blancos en que sobresale sólo una tonalidad muy ligera de amarillo.

BLANCO CON REFLEJOS AMARILLENTOS
Color muy atenuado de vinos blancos con matices amarillos.

BLANCO CON REFLEJOS VERDOSOS
Color muy atenuado de vinos blancos con matices tendentes al verde.

BOUQUET

Conjunto de cualidades olfativas (perfume) de un vino, desarrollado durante la fermentación y envejecimiento.

BREVE

Para indicar la sensación olfativa o gustativa sin persistencia.

BRILLANTE

Se utiliza para indicar un vino perfectamente límpido y transparente.

BURBUJAS

Burbujas de CO_2 procedentes de la fermentación alcohólica o maloláctica, según el número se dice que son fugaces, persistentes y, por el diámetro, se clasifican en muy finas, finas, medias y gruesas.

BUTIRICO

Se utiliza para indicar en un vino el desagradable olor rancio (que recuerda la mantequilla ácida y rancia) debido a fermentaciones bacterianas.

CAFE VERDE

Se utiliza cuando en un vino se encuentran sensaciones olfativas y gustativas parecidas a las que posee la semilla.

CALIENTE

Se utiliza para describir un vino con bastante grado alcohólico y que deja en el paladar una agradable sensación táctil de calor.

CARACTERISTICO

Se utiliza para describir un vino cuyas características denotan un origen determinado.

DE CASTA

Se utiliza para indicar en un vino la justa y proporcionada unión de los distintos componentes organolépticos.

CAUCHO QUEMADO

Para indicar en un vino (sobre todo espumoso) la sensación que recuerda el caucho quemado, debido a fermentación en auto-clave (cuba cerrada) demasiado violenta y rápida.

CLARETE

Vino tinto o rosado muy claro, con estructura ligera y agradable –color rojo claro con reflejos tenues violáceos y amarillentos.

CLASE

Se utiliza para indicar un vino muy equilibrado en sus componentes.

CLAVO

Se utiliza cuando en un vino se encuentran sensaciones olfativas y gustativas parecidas a las que posee la semilla.

COCIDO

Se utiliza para indicar en un vino la sensación de sabor de cocido, de pesadez, normalmente debido a adición de mosto concentrado a temperatura alta.

Define un vino con características que recuerdan los mostos concentrados con fuego directo, con sabor a caramelo.

CORIANDRO

Se utiliza cuando en un vino se encuentran sensaciones olfativas y gustativas parecidas a las que posee la semilla.

CORROMPIDO

Se dice de un vino que presenta sensaciones nauseabundas, casi siempre causadas por una excesiva permanencia sobre las birbres en descomposición.

CORTO

Se utiliza para indicar la escasa intensidad olfativa o gustativa de un vino.

CUERPO

Se utiliza para indicar en un vino una estructura general rica en color, acidez, tanino, alcohol y perfectamente equilibrada.

DATIL

Se utiliza cuando en un vino se encuentran sensaciones olfativas y gustativas parecidas a las que posee la fruta.

DECREPITO, DESVAIDO, VIEJO, PASADO

Se utiliza para indicar un vino que ha perdido la mayoría de sus características por exagerado envejecimiento (pérdida de intensidad en el color, perfume, sabor).

DEFECTO (de vinos)

Se utiliza para indicar en un vino imperfecciones y características desagradables.

DELICADO

Se utiliza para indicar en un vino la ligereza de perfumes y sabores, unida a una constitución con escasa robustez pero buena armonía.

DESAGRADABLE

Se utiliza para definir un vino que deja sensaciones desagradables.

DESCARNADO

Se dice de un vino pobre en características generales, sobre todo en alcohol.

DESEQUILIBRADO

Se utiliza para indicar en un vino la falta de armonía entre sus componentes organolécticos algunas de las que sobresalen entre otras de mancha desagradable.

DESEQUILIBRADO EN EXCESO

Se utiliza para indicar un sabor desagradable, complejo, debido a una acidez excesiva, que recuerda frutas no maduras y limón.

DESVAIDO

Se utiliza para indicar la escasez y labilidad de la intensidad olfativa.

DESPOJADO

Se dice de un vino que ha dejado un depósito (normalmente sobre la cara interna de la botella) de compuestos precipitados.

DORADO

Color de vinos blancos, tendentes al del oro. Puede también tener reflejos ambar (tendentes al marrón).

DULCE

Se utiliza para indicar en un vino una cantidad aún alta en azúcares.

DULZOR

Se utiliza para indicar en un vino un sabor ligeramente dulce, pero también desagradable.

DURO

Se utiliza para definir un vino demasiado cargado en tanino, acidez, extracto.

ELEGANTE, DISTINGUIDO

Se utiliza para indicar en un vino características de fineza y calidad muy marcadas, con estructura ligera y agradable.

EMBRIAGADOR

Término utilizado para describir un vino con perfume intenso, ancho, lleno.

EMPALAGOSO

Se dice de un vino demasiado dulce y poco armónico.

ENEBRO

Se utiliza cuando en un vino se encuentran sensaciones olfativas y gustativas parecidas a las que posee la baya.

ENFERMO

Se dice para describir un vino atacado de enfermedades bacterianas, que parece turbio y también alterado en el color, en el olor y sabor.

EQUILIBRADO

Se utiliza para indicar en un vino la justa proporción entre los distintos componentes, sobre todo entre alcoholes y ácidos.

ESPUMA

Conjunto de burbujas de CO_2, que se desarrolla sobre la superficie del vino espumoso recién echado en el vaso (copa) de una manera así intensa que forma una película de espesor y persistencia variables.

La persistencia de la espuma en los vinos espumosos de calidad es un carácter muy importante.

Se dice fugaz cuando aparece sólo cuando se empieza a echar el vino, evanescente cuando desaparece rápidamente. Puede también ser colorada en los vinos espumosos tintos.

ESTRUCTURA

Se utiliza para determinar en un vino el conjunto de los componentes fundamentales, constituida por el grado alcohólico y los principales contituyentes del extracto.

ETEREO

Se utiliza para indicar en un vino las sensaciones que los esteres, compuestos con alta volatilidad, comunican al olfato.

EXQUISITO, DELICADO

Para calificar una sensación agradable del olfato o del gusto, generalmente indica un vino con composición armónica.

FINO

Se dice de un vino con calidades olfativas y gustativas equilibradas y armónicas.

FINURA

Se utiliza para indicar sensaciones olfativas y gustativas equilibradas de vinos de calidad, equilibradas y armónicas.

FLACO

Se dice de un vino pobre en color, cuerpo, estructura y sensaciones olfativas.

FLORES FRESCAS

Para indicar en un vino la sensación que recuerda el conjunto de perfumes de un ramo de flores, sin que uno de ellos sobresalga.

FONDO

Se utiliza para determinar en un vino las sensaciones poco perceptibles, entre las que sobresalen sensaciones más acentuadas.

FRAGANTE

Para indicar el conjunto de sensaciones olfativas y gustativas de frescura, intensidad de afrutado, plenitud de perfume.

FRAMBUESA

Se utiliza cuando en un vino se encuentran sensaciones olfativas y gustativas parecidas a las que posee la fruta.

FRANCO DE PALADAR

Para indicar un vino que no presente defectos.

FRESA

Se utiliza cuando en un vino se encuentran sensaciones olfativas y gustativas parecidas a las que posee la fruta.

FRESCO

Para indicar una sensación agradable de acidez.

FUENTE

En los espumosos se utiliza para indicar un persistente desprendimiento de burbujas de gas carbónico en la copa.

FUERTE

Para indicar un vino rico en alcohol.

GASEOSO

Se dice del vino que contiene un exceso de gas carbónico.

GENEROSO

Para indicar un vino de alta graduación alcohólica, pero equilibrada por un cuerpo rico y lleno.

GERANIO

Se utiliza cuando en un vino se encuentran sensaciones olfativas y gustativas parecidas a las que posee la flor.
Se encuentra esta sensación en vinos a los que se les ha añadido sorbato de potasio, y si se ha desarrollado la fermentación maloláctica.

GLICINAS

Se utiliza cuando en un vino se encuentran sensaciones olfativas y gustativas parecidas a las que posee la flor de glicina.

GRADO DE DULZOR

Percepción de la sensación de dulzor en diferente intensidad.

GRANATE

Para indicar en un vino envejecido un matiz o reflejo del color rojo, que recuerde al del granate.

GRASA, AHILAMIENTO

Enfermedad producida por una bacteria anaerobia, que vuelve a los vinos turbios y viscosos con desprendimiento de gas carbónico.

GRASO, UNTUOSO

Para indicar un vino muy rico en glicerina, que se presenta untuoso a la cata.

GROSELLA

Se utiliza cuando en un vino se encuentran sensaciones olfativas y gustativas parecidas a las que posee el fruto.

Rico término relativo a un vino con mucho color y alcohol.

GUSTO A MADERA

Gusto comunicado a un vino por una barrica nueva o mal conservada.

GUSTO A ZORRO

Gusto particular de los vinos procedentes de cepas americanas y de híbridos productores directos, poco apreciado por los consumidores europeos.

HECES (gusto a)

Se utiliza para indicar en un vino sensaciones olfativas o gustativas típicas de las heces.

HECHO

Se utiliza para indicar que un vino ha terminado su evolución y alcanza características equilibradas de olor y sabor.

HENO SECO

Se utiliza cuando en un vino se encuentran sensaciones olfativas y gustativas parecidas a las que posee la hierba.

HIERBA (gusto a)

Se utiliza para indicar en un vino sensaciones que recuerdan la hierba recien cortada o masticada.

HIGOS SECOS

Se utiliza cuando en un vino se encuentran sensaciones olfativas y gustativas parecidas a las que posee el fruto.

IMBEBIBLE

Término utilizado para indicar un vino con grandes defectos en el olor, sabor y aspecto, tales que resulte impropio para el consumo.

INMADURO

Se utiliza para indicar un vino que no haya todavía alcanzado su plena madurez.

INSIPIDO, SOSO

Se utiliza para describir un vino con características organolécticas insignificantes, muy poco ácido y tampoco fresco.

INTENSIDAD

Se utiliza para indicar una percepción más fuerte de algunas características en relación con el análisis visual (color) olfativa y gustativa.

IRIDISCENTE

Se utiliza para describir un vino (sobre todo blanco) un poco velado que, si es iluminado por luz directa la refleja con colores diferentes.

JOVEN

Se utiliza para indicar un vino inmaduro pero que en un futuro va a evolucionar normalmente.

LADRILLO

Se dice para describir el color de un vino tinto tendente a ocre y que tiene una tonalidad poco viva –característico de vinos muy viejos o decrépitos.

LAGRIMAS

Se utiliza para indicar la formación sobre las paredes del vaso que contiene vino de huellas parecidas a lágrimas, indicadoras de riqueza de alcohol y glicerina. Las lágrimas pueden ser estrechas, marcadas, anchas.

LEJIA

Se utiliza para indicar en un vino la sensación poco agradable de lejía, debido a escasa acidez y excesos taninos o a desacidificaciones demasiado fuertes.

LEVADURA (gusto a)

Se utiliza para indicar en un vino sensaciones que recuerdan al pan.
Estas sensaciones son debidas a fermentaciones o refermentaciones terminadas hace poco tiempo.

LIGERO

Se dice de un vino de poco color, poco grado alcohólico y de poco cuerpo, pero bien equilibrado y agradable.

LIMON

Se utiliza cuando en un vino se encuentran sensaciones olfativas y gustativas parecidas a las que posee la fruta.

LIMPIDO

Se utiliza para indicar un vino que no contiene materias insolubles en suspensión, con completa ausencia de enturbiamiento y perfectamente transparente.

LIMPIO

Se dice de un vino sin ninguna sensación olfativa o gustativa ajena.

LLENO

Se dice de un vino de composición bien equilibrada, rico en alcohol y estracto.

MADERIZADO

Se utiliza para indicar en un vino características de color cargado (diferentes en los blancos y en los tintos), olor de hierba seca, sabor duro, amargo que recuerda al de las avellanas. Son propiedades procedentes de la oxidación. Constituye una característica típica de algunos vinos especiales (Marsala, Madera, Jerez), mientras que para los vinos corrientes es un defecto.

MADURO, ASENTADO

Se dice de un vino que ha terminado su evolución. En un vino joven indica un equilibrio todavía un poco agresivo, mientras que en un vino viejo indica el alcance de la perfección organoléptica.

MANTEQUILLA

Se utiliza cuando en un vino se encuentran sensaciones olfativas y gustativas parecidas a las que posee el producto.
Típico del Chardonnay.

MANZANA

Se utiliza cuando en un vino se encuentran sensaciones olfativas y gustativas parecidas a las que posee la fruta.

MARCADO

Se utiliza para indicar que en un vino hay características marcadas.

MATIZ

Se utiliza para definir una tonalidad de color.

MELOCOTON

Se utiliza cuando en un vino se encuentran sensaciones olfativas y gustativas parecidas a las que posee la fruta.

MERCAPTANOS

Se utiliza para indicar el olor desagradable debido al desarrollo de compuestos sulfurados, que se originan con el hidrógeno sulfurado, producido por anhídrido sulfuroso por reducción, sobre todo por el contacto con las lías o por fermentaciones mal hechas.

METAL (gusto a)

Para indicar la sensación gustativa dura, seca y fría que recuerda el hierro, y que se percibe bebiendo el vino sólo o con determinados alimentos (por ejemplo alcachofas crudas).

MIEL

Se utiliza cuando en un vino se encuentran sensaciones olfativas y gustativas parecidas a las que posee el producto.
Sabor con características dulces.

MOHO
Se utiliza cuando en un vino se encuentran sensaciones olfativas y gustativas parecidas a las que posee el hongo.

MOHO (gusto a)
Se utiliza para indicar la desagradable sensación que recuerda la de moho, sobre todo desarrollado en las botellas mal conservadas.

MORDIENTE
Se utiliza para definir un vino ácido y con sensación poco agradable.

NARANJA
Se utiliza cuando en un vino se encuentran sensaciones olfativas y gustativas parecidas a las que posee la fruta.

NERVIOSO
Para indicar un vino rico en equilibrio y acidez y sobre todo vivo.

NETO, FRANCO
Se dice de un vino completo, sin sabores ni olores extraños.

NEUTRO
Se dice del vino sin un carácter particular con buena estructura y acidez.

NORMAL
Se dice de un vino sin defectos y al mismo tiempo sin especiales características.

NUEZ
Se utiliza cuando en un vino se encuentran sensaciones olfativas y gustativas parecidas a las que posee el fruto.
Esta sensación parece relacionada con el desarrollo de algunas levaduras en vinos licorosos con una temperatura alta.

OLOR
Cualidades olorosas del vino procedentes de la uva o producidas durante la fermentación alcohólica.

OLOR A BARRICA

Característica del vino procedente de la madera de la barrica. Puede ser agradable si presenta una cantidad moderada, desagradable si es excesivo, si la calidad de la madera no es buena, si ha sido mal conservada o si se ha utilizado durante un tiempo demasiado largo.

OPACO

Se utiliza para indicar un vino nebuloso, casi turbio.

OPALESCENTE

Se utiliza para indicar un vino (sobre todo blanco) ligeramente velado, que si es iluminado por luz directa, la refleja con colores diferentes.

OPALINO

Como el precedente.

ORDINARIO

Se utiliza para definir un vino común, sin defectos ni características agradables, tendentes a ser basto.

OXIDADO

Se dice de un vino que, por la oxidación, está alterado en el color (más cargado de lo normalmente), sin frescura, un poco maderizado.

PAJIZO

Color de vinos blancos bastante claros. Puede tener reflejos dorados (tendentes al color oro), o reflejos verdosos (tendentes al verde claro).

PAPEL DE FILTRO

Se utiliza para indicar, en relación a un vino, las sensaciones olfativas o gustativas que recuerdan las producidas por la celulosa (el defecto es debido a la utilización de papeles filtrantes o coadyuvantes de filtración de mala calidad).

PASADO

Se dice de un vino que a consecuencia de malos tratamientos o excesivo envejecimiento, ha perdido sus características y se presenta flaco, no armónico.

PASTOSO

Se utiliza para indicar un vino rico en glicerina, de buen cuerpo, de buena estructura de justa acidez, lleno y agradable.

PEDERNAL (gusto a)

Se utiliza para indicar en un vino las sensaciones olfativas que recuerdan las procedentes del rozamiento de dos piedras, típico de Chardonnay de Borgogne.

PENSAMIENTO

Se utiliza cuando en un vino se encuentran sensaciones olfativas y gustativas parecidas a las que posee la flor.

PERFUME

Conjunto de las sustancias olorosas del vino procedentes de las transformaciones propias de la fermentación alcohólica, y en el tiempo, de los procesos de maduración y crianza.

PERFUME A BOSQUE

Para definir en un vino la agradable característica olfativa que recuerda el fresco conjunto de perfumes de un bosque (debido a musgo, flores, plantas, resinas).

PERLANTE

Término derivado del francés que indica el desprendimiento ligero de burbujas de anhídrido carbónico.

PERSISTENCIA

Se utiliza para indicar que, después de que un vino ha sido echado de la boca, en esta se quedan sensaciones gustativo-olfativas. La evaluación de esta característica se hace contando los segundos.

PERSISTENTE

Se dice de un vino que tiene características de persistencia.

PERSONALIDAD

Se utiliza para definir un vino con características positivas muy marcadas que lo hacen muy distinto entre otros.

PESADO, BASTO

Se utiliza para indicar un vino rico en cuerpo y de fuerte estructura, pero escaso de vivacidad y acidez.

PICADO-ACESCENTE

Dícese del vino alterado con acescenzia, o sea ácido acético en gran cantidad.

PICANTE

Se utiliza para definir un vino con excesiva acidez y mucho alcohol. Puede referirse también al anhídrido carbónico en exceso.

PINO

Se utiliza cuando en un vino se encuentran sensaciones olfativas y gustativas parecidas a las que posee la resina de pino.

PIÑA

Se utiliza cuando en un vino se encuentran sensaciones olfativas y gustativas parecidas a las que posee la fruta.

PLATANO

Se utiliza cuando en un vino se encuentran sensaciones olfativas y gustativas parecidas a las que posee la fruta.

Esta sensación se desarrolla sobre todo en los vinos blancos y rosados fermentados con temperaturas bajas (13-15ºC).

POMELO

Se utiliza cuando en un vino se encuentran sensaciones olfativas y gustativas parecidas a las que posee la fruta.

PRECOZ

Se dice de un vino que ha alcanzado pronto (o que puede alcanzar) la maduración alcohólica.

«PRONTA BEBIDA» (vino de)

Se utiliza para indicar un vino que debe ser consumido muy pronto porque no es bueno para el envejecimiento.

QUEMANTE

Se utiliza para indicar en un vino la sensación de quemadura debido a un contenido en alcohol demasiado alto.

QUEMADO

Se utiliza para describir en un vino una sensación parecida a la de fruta cocinada, quemada.

QUIEBRA DEL COLOR

Enturbiamiento y anomalía de color que aparecen en los vinos tintos como consecuencia de reacciones químicas y enzimáticas.

RANCIO-DECREPITO

Se dice de un vino que presenta la sensación desagradable parecida a la de los grasos rancios (normalmente causada por enfermedad microbiana).

RASPOSO

Se utiliza para indicar en un vino la sensación de rugosidad procedente de un largo contacto de mosto con los raspones. Si está unida a sensaciones de herbáceo y ácido, parece muy grosero.

REDUCIDO

Se dice de un vino que estuvo durante mucho tiempo en botella y por eso presenta características olfativas y gustativas poco marcadas.

REDONDO

Se dice de un vino armónico en todos conceptos.

REFLEJOS

Se dice de los matices de los colores del vino.

REGALIZ

Se utiliza cuando en un vino se encuentran sensaciones olfativas y gustativas parecidas a las que posee el producto.
Típica sensación de los vinos tintos.

RESINOSO

Se utiliza para indicar en un vino la sensación parecida a la que posee la resina (abeto, alerce y otros árboles resinosos).

RETROGUSTO

Se dice de la sensación gustativa y gustativo-olfativa que un vino deja después de la persistencia gustativo-olfativa, y que a veces puede ser menos agradable.

RICO

Término relativo a un vino con mucho color y buena graduación alcohólica.

ROBUSTO

Se dice de un vino rico en alcohol y cuerpo.

ROJO ANARANJADO O COLOR PIEL DE CEBOLLA

Color rojo debido a largo envejecimiento (o fuerte oxidación).

ROJO CEREZA

Color no demasiado intenso, complejo en cuanto están juntos reflejos anaranjados y violáceos al mismo tiempo.

(ROJO) CLARO

Se utiliza para indicar un vino tinto muy claro.

ROJO DESCOLORIDO

Color rojo pálido, con reflejos amarillentos debido a excesivo envejecimiento de vino ligero con escasa estructura.

ROJO LADRILLO

Color rojo que tira al ladrillo, debido al envejecimiento.

ROJO PARDO

Rojo oscuro que tira al pardo.

ROJO PURPURA

Color rojo que tira a púrpura.

ROJO RUBI

Se dice de un color rojo vivo, que recuerda la piedra preciosa. Puede ser más o menos oscuro y presenta varios reflejos (violáceos, granate, anaranjado).

ROSA (fresca o marchita)

Se utiliza cuando en un vino se encuentran sensaciones olfativas y gustativas parecidas a las que posee la flor.

ROSADO

Se dice del color del vino que es básicamente rosa, pero que presenta muchos matices y tonalidades (rosa claro, rosa, rosa anaranjado, rosa cereza).

SABROSO

Se dice de un vino agradable al paladar por su riqueza en compuestos salinos y con buena y viva acidez.

SALADO

Se utiliza para indicar en un vino, la sensación que recuerda la que deja la sal.

SALOBRE

Se utiliza para indicar en un vino, la sensación que recuerda el gusto salado-amargo del agua de mar.

SAUCO (flores secas)

Se utiliza cuando en un vino se encuentran sensaciones olfativas y gustativas parecidas a las que posee la flor.

SANO

Se dice de un vino que no presenta alteraciones ni defectos.

SECO

Se utiliza para indicar en un vino tanto la completa ausencia de azúcares sensibles a la degustación como la escasa persistencia en el paladar de las sensaciones gustativas.

SENSACION DE HIDROGENO SULFURADO

Es causada por la formación de este compuesto por reducción bioquímica del azufre o del anhídrido sulfuroso debido a fermentos alcohólicos o por excesiva adición de sustancias reducientes. Deja un olor a huevos podridos.

SENSACION DE HUMO

Se utiliza para indicar en un vino el recuerdo del olor acre del humo de madera.

SINCERO-FRANCO

Se dice de un vino sencillo y agradable pero con características distintas que permiten reconocer su origen.

SUAVE

Se utiliza para describir un vino con características gustativas agradables, redondo, aterciopelado.

SUELTO

Vino comercializado en grandes envases.

SUTIL

Se dice de un vino escaso de alcohol y de cuerpo, pero todavía armónico.

TABACO

Se utiliza cuando en un vino se encuentran sensaciones olfativas y gustativas parecidas a las que posee la planta.

TANICO

Se dice de un vino rico en tanino, que a menudo es un vino tinto joven, de cuerpo.

TAPON (olor y sabor)

Defecto muy común entre los vinos conservados en botella. Procede de los mohos del corcho.

TENUE

Se dice de un vino que tiene características con poca fuerza al olfato.

TERREO

Se dice de un vino en el que se encuentra la sensación que recuerda el polvo levantado en terrenos soleados.

TILA

Se utiliza cuando en un vino se encuentran sensaciones olfativas y gustativas parecidas a las que posee la flor.

TIPICO

Se dice de un vino correspondiente a las características de origen (de variedad, de área geográfica, etc...).

TRANQUILO

Se dice de un vino con ausencia de refermentación y por eso sin burbujas de CO_2.

TURBIO

Se dice de un vino con limpidez alterada y que presenta en suspensión mucha materia coloidal.

VAINILLA

Perfume particular que recuerda el de la vainilla, propio de vinos conservados en barricas nuevas.

VELADO

Se dice de un vino en que falta limpidez, que es ligeramente alterada por pequeñas partículas en suspensión.

VENA

Se utiliza para definir el grado de dulzor de un vino, cuando se puede apenas advertir.

VENTEADO, DESVAIDO

Se dice de un vino que ha perdido sus características fundamentales.

VERDE

Término que define un vino acerbo y fresco.

VERDOSO

Color de reflejos en algunos vinos blancos.

VIEJO

Se dice de un vino pasado que presenta características desagradables.

VIGOROSO

Se dice de un vino de cuerpo.

VINO DE CALIDAD (NOBLE)

Se utiliza para indicar un vino cuyas características organolépticas positivas lo hacen excelente y distinto de los demás.

VINO DE CUERPO

Se utiliza para indicar en un vino una agradable riqueza de compuestos equilibrados entre ellos.

VINOSO

Se dice de un vino joven, en el que se encuentran sensaciones marcadas que recuerdan las que se perciben después de la fermentación alcohólica.

VIOLETA

Se utiliza cuando en un vino se encuentran sensaciones olfativas y gustativas parecidas a las que posee la flor.

VIOLACEO

Matiz o reflejo típico de los vinos tintos jóvenes.

VIVAZ

Se dice de un vino ligeramente ácido, bastante rico en anhídrido carbónico, picante al paladar.

VIVO

Se dice de un vino ligeramente ácido y de buena conservación.

YODO (gusto a)

Se utiliza para indicar un gusto característico de algunos vinos, que recuerda al del yodo.

ZORRO (gusto a)

Característica olfativa y gustativa particular de los vinos procedentes de ciertas cepas de híbridos, productores directos, poco apreciada por los consumidores europeos.

Ediciones Mundi-Prensa

EL GUSTO DEL VINO
El gran libro de la degustación

2.ª edición revisada y ampliada

Émile PEYNAUD
Jacques BLOUIN

Versión española de:
Mª Isabel MIJARES Y GARCIA PELAYO
Enólogo. Secretario General de la Unión Internacional de Enólogos
Gonzalo SOL DE LIAÑO
Escritor especializado en temas gastronómicos

269 págs. Ilust. color. 22 x 28 cm.
Enc. 2.ª ed. Reimp. 2002. 59 €
ISBN: 84-7114-817-X

CONTENIDO: Uso y ciencia de la cata. Mecanismos y mensajes de los sentidos. La vista y el examen visual. El olfato y los olores. El gusto y los sabores. Dificultades de la cata y errores de los sentidos. Técnicas de cata. Interpretación de los test gustativos. Equilibrios de los olores y los sabores. Caracteres de los vinos y vocabulario gustativo. La formación de los catadores. La calidad y las cualidades de los vinos. Saber beber.

Auténtica enciclopedia de la degustación (cata), esta obra prodigiosamente inteligente, llega magistralmente a cumplir su fin: el de dar a conocer el vino con toda su realidad y con la riqueza de sus sutilezas. (Gault et Millau).
Esta obra es como la biblia... (Le Chasseur Français).
Vaya rápido a su editor. Pídale el libro más hermoso sobre la cata de vino publicado desde que se empezó a escribir sobre este tema... (Le Figaro).
La prensa fue unánime al celebrar y saludar la aparición de la primera edición de El Gusto del Vino. La segunda edición española (tercera francesa) de este gran clásico, actualizada y enriquecida, es hoy más que nunca el fruto de una gran experiencia científica de Émile Peynaud, de su práctica diaria de la cata y de los programas de enseñanza que él mismo creó. Es también el resultado de una colaboración que aporta además a la obra, la experiencia práctica y todo el peso de los conocimientos enológicos de Jacques Blouin, formado él mismo por Émile Peynaud. Esta obra está dirigida a todos los que debido a su especialización deben practicar la cata, ya sean el sector productivo, técnico, responsables de la reglamentación, de la comercialización, o de la restauración. Está dirigido también a los aficionados deseosos de educar su paladar o su olfato, dos sentidos que la vida moderna ha olvidado en su formación cultural. Les permitirá conocer mejor el vino, apreciarlo mejor y aprender a hablar de él. En la encrucijada de las ciencias y las artes, este libro es la obra de los hombres de vino. Ha sido escrito pensando en todos los que se interrogan a sí mismos sobre los secretos del gusto y el verdadero significado del acto de beber. Nos enseña, que saber degustar es la base de saber beber, y que la práctica de la degustación nos enseña el dominio del uso de nuestros sentidos.

Ediciones Mundi-Prensa

DESCUBRIR EL GUSTO DEL VINO
PEYNAUD, E. y BLOUIN, J.
Versión española de MIJARES Y GARCIA-PELAYO, M.ª I. y SAEZ ILLOBRE, J. A.
213 págs. Ilust. color. Enc. 2001. 18,50 €
ISBN: 84-7114-939-7

CONTENIDO: Prólogo. Uso y ciencia de la cata. Mecanismos y mensajes de los sentidos. Ver, gustar, oler. Dificultades de la cata y errores de los sentidos. Técnicas de cata. Interpretación de las catas. Equilibrios de olores y sabores. Las palabras del vino (el lenguaje). La formación de los catadores. La calidad y las cualidades de los vinos. Saber beber. Bibliografía.

EL VINO
de la cepa a la copa
MIJARES Y GARCIA-PELAYO, M.ª I. y SAEZ ILLOBRE, J. A.
206 págs. 3.ª ed. Reimp. 2005. 15,50 €
ISBN: 84-7114-911-7

CONTENIDO: Introducción. ¿Qué es el vino? La Vid. La materia prima. Vinificaciones. El vino hecho: ¿de qué se compone el vino? Por qué hay tantos vinos. Silueta, estilo y perfil de los vinos. Las variedades de uva. Vidueños o viduños. Vida. El vino crece, se desarrolla, puede sufrir enfermedades y accidentes; se estabiliza. Crianza y envejecimiento. La fase final. El embotellado. Ultima fase del envasado. El vestido del vino. ¿Se puede conocer el vino? La cata. Cómo elegir el vino, comprarlo, conservarlo en casa, prepararlo y servirlo. El prestigio del vino. Vino, nutrición y salud. Denominaciones de origen. Lenguaje elemental para poder hablar del vino «De la cepa a la copa».

VITICULTURA, ENOLOGIA Y CATA PARA AFICIONADOS
LOPEZ ALEJANDRE, M. M.ª
215 págs. 4.ª ed. rev. y amp. 2005. 18 €
ISBN: 84-8476-224-6

CONTENIDO: Introducción. Prólogo. El apasionante origen del vino. Las viñas. La elaboración del vino. Dos vinos singulares: los vinos espumosos y los Pedro Ximénez. Accidentes y enfermedades de los vinos. La cata de los vinos. Bibliografía.
Aprenderá, especialmente, a catar, a disfrutar con las excelencias de los vinos a conocer sus defectos y a saber expresar lo bueno y lo malo de cada uno de ellos. En este arte el autor es todo un maestro.

Ediciones Mundi-Prensa

ENOLOGIA PRACTICA
Conocimiento y elaboración del vino
BLOUIN y PEYNAUD

343 págs. Enc. 4.ª ed. rev. y ampl. 2004. 36 €
ISBN: 84-8476-160-6

CONTENIDO: Introducción. Viticultura, enología y calidad. La uva. Las fermentaciones. La extracción de mostos. El control de la calidad de mostos y vinos. El SO_2. Las vinificaciones. La crianza de los vinos. Enfermedades y accidentes de los vinos. Clarificación y estabilización de los vinos. El acondicionamiento de los vinos. Bodegas e instalaciones: concepto y funcionamiento. Conclusión.

TRATADO DE ENOLOGIA
HIDALGO TOGORES

1.423 págs. 2 tomos. Ilust. color. Enc. 2003. 125 €
ISBN: 84-8476-119-3

XXXII PREMIO DEL LIBRO AGRARIO 2003
FERIA DE SAN MIGUEL, LERIDA

CONTENIDO: Presentación. Los orígenes de la vid y del vino. Las producciones de la vid. Definiciones. Morfología, maduración y composición del racimo. Vendimia. Recepción de uva en la bodega. Tratamientos mecánicos de la vendimia. Fenómenos prefermentativos. Transformaciones enzimáticas en vendimias y vinos. El anhídrido sulfuroso y otros compuestos complementarios. Mejoras y correcciones de las vendimias. Transformaciones microbianas. Levaduras, bacterias y virus. Instalaciones y materiales de la bodega. Limpieza y desinfección en la bodega. Elaboración de vinos blancos y rosados. Elaboración de vinos tintos y claretes. Maceración carbónica. Fermentación maloláctica. Crianza de vinos. Elaboración de vinos carbónicos. Elaboración de vinos dulces, licorosos y generosos. Viticultura y vinos ecológicos. Vinos aromatizados y refrescos de vino. Empleo de gases inertes. Fenómenos coloidales y clarificación por encolado de los vinos. Filtración y centrifugación. Técnicas de estabilización de los vinos. Acondicionamiento de los mostos o vinos para su comercialización. Subproductos vitivinícolas. Agua y vertidos enológicos. Anejos. Bibliografía.

TRATADO DE ENOLOGIA
Tomo I: Microbiología del vino. Vinificaciones
DUBOURDIEU - DONECHE - LONVAUD. *655 págs.*

Tomo II: Química del vino. Estabilización y tratamientos
GLORIES -DUBOURDIEU - MAUJEAN. *554 págs.*

Director: RIBÉREAU-GAYON (Decano honorario de la Facultad de Enología, Francia)

Ambos tomos con fotos, gráficos y tablas. 2003. 120 €. ISBN: 950-504-571-9

ENOLOGIA. Fundamentos científicos y tecnológicos
FLANZY (Coord.)
COEDICIÓN: MUNDI-PRENSA/AMV

797 págs. Enc. 2.ª ed. 2003. 106 €. ISBN: 84-8476-074-X